徐州工程学院学术著作出版基金资助

煤系土风化过程强度演变规律研究

单　浩　吴连盛　高　勇　　著
刘　鑫　朱　炯

中国矿业大学出版社
·徐州·

内 容 简 介

本书在开展不同暴露时间下煤系土矿物质成分和物理力学性质指标的室内试验研究基础上,利用控制因素敏感性分析方法,确定了煤系土在风化过程中的敏感指标,提出了一种利用微波加热的仿真试验手段,并利用正交试验方法,建立了自然风化时间与仿真影响因素的对应关系表达式,最后采用独立分量分析(ICA)方法,建立了煤系土风化过程中抗剪强度指标演变与敏感指标的关系式,描述了煤系土抗剪强度衰减规律,有助于揭示煤系土在边坡修建过程中的力学行为,为煤系土边坡的处治提供理论基础。

本书可供建筑、公路和铁路等学科的广大科技工作者及相关专业的高校师生参考。

图书在版编目(C I P)数据

煤系土风化过程强度演变规律研究/单浩等著. —
徐州:中国矿业大学出版社,2023.5
ISBN 978 - 7 - 5646 - 5816 - 8

Ⅰ. ①煤… Ⅱ. ①单… Ⅲ. ①煤系高岭土－土壤风化
－岩土力学－研究 Ⅳ. ①TU44

中国国家版本馆 CIP 数据核字(2023)第 083453 号

书　　名	煤系土风化过程强度演变规律研究
著　　者	单　浩　吴连盛　高　勇　刘　鑫　朱　炯
责任编辑	陈　慧
出版发行	中国矿业大学出版社有限责任公司
	(江苏省徐州市解放南路　邮编221008)
营销热线	(0516)83884103　83885105
出版服务	(0516)83995789　83884920
网　　址	http://www.cumtp.com　E-mail:cumtpvip@cumtp.com
印　　刷	徐州中矿大印发科技有限公司
开　　本	787 mm×1092 mm　1/16　**印张** 8.25　**字数** 149 千字
版次印次	2023 年 5 月第 1 版　2023 年 5 月第 1 次印刷
定　　价	30.00 元

(图书出现印装质量问题,本社负责调换)

前　言

　　随着我国路网建设的逐步完善,公路特别是高速公路建设的重点已由平原地区向山丘地区延伸,然而,在广东、湖南等南方山丘地区路堑边坡修建过程中常会遇到煤系土。煤系土除具有天然含水率较低、遇水易软化、黏结能力差等特点外,还有一个显著的特点,就是开挖暴露后风化速度快,物理力学指标急速变化。反映在具体工程上,是煤系土边坡工程施工过程或通车1～2年内极易发生浅层滑塌,造成建设成本增加、工期延长,并给日后道路安全带来隐患。在实际工程问题中,煤系土复杂多变的力学行为,均与其开挖暴露后物理力学性质会急速变化的特性有关。

　　针对目前公路、铁路工程煤系土路堑边坡开挖和运营过程中结构失稳情况频繁发生的现象,以及煤系土开挖暴露风化过程中强度衰减规律研究不足的问题,本书以实际工程为研究背景,通过室内土工试验,确定煤系土开挖暴露后对强度衰减的敏感影响指标;针对煤系土开挖暴露后的独特风化过程,提出了微波加热仿真模拟试验方法,给出模拟风化试验方法影响因素与自然风化时间关系表达式;在强度试验研究基础上,利用独立分量分析方法,建立风化作用下煤系土抗剪强度指标演变关系式。

　　本书在编写过程中得到了河海大学洪宝宁教授的悉心指导,在此表示衷心感谢。

　　本书的出版得到了徐州工程学院学术著作出版基金的资助。

　　由于作者水平所限，书中难免有不妥之处，敬请读者批评指正。

著　者

2023 年 1 月

目 录

1　绪　　论

1.1　选题背景及研究意义

为了解决发展不平衡的问题,我国高速公路工程的修建重点区域逐渐由经济较发达的沿海平原地区向经济落后的山岭重丘地区转移。在这过程中,一些工程项目常遇到煤系土这类不良土体,如广东省近年来修建于粤西北和粤东北山丘地区的广梧高速、广佛肇高速、梅平高速和武深高速仁化至博罗段等公路项目。结合现场踏勘和地质勘察资料可知,煤系土一般颜色呈灰黑色,具有干裂、吸水性强、遇水膨胀软化,开挖暴露后容易快速风化而导致结构破坏、强度降低且不可逆转等特点[1-2]。不良土给交通工程带来极大的安全隐患,越来越多地引起工程技术人员和学者的关注。

煤系土多存在于砂页岩、泥岩、灰岩等沉积岩石炭系地层。由于这些岩体风化较为彻底,主要成分为黏土矿物,外观和颜色与煤相似,因此在现场工程中以"煤系土"为这种土体命名,并得到广泛使用。由于煤系土在不同地域、不同地层有不同特征,目前工程中主要从外观形态和颗粒组成方面将其简单分类为块状煤系土、砾状煤系土和粉状煤系土[3],但尚未有准确定义。笔者通过查阅资料,加上对广梧高速5标、广佛肇高速B标、梅平高速2标、广乐高速2标和武深高速仁化至博罗段TJ19标等高速公路项目煤系地层地质勘察资料研究以及路堑边坡开挖过程中现场土样试验资料分析,总结认为煤系土主要有以下3种岩性:

(1) 强风化碳质砂岩[4]。灰黑色,岩石风化强烈,岩芯呈半岩半土状,含较多砂粒,手易掰散,遇水易软化,暴露风化后呈砾状。

(2) 强风化碳质页岩[5]。灰黑色,原岩结构、构造大部分破坏,局部夹薄层砂岩及煤层,以碳质和黏土矿物为主,岩体较完整,岩芯呈碎块状,手易掰碎,易污手,遇水易软化,暴露风化后呈块状。

(3) 强风化碳质泥岩[6]。灰黑色,岩石风化强烈,岩芯呈半岩半土状,含较多泥质,手易掰散,遇水易软化,暴露风化后呈粉状。

因此与工程中的煤系土分类简单对应,即块状煤系土主要岩性为强风化碳质页岩,砾状煤系土主要岩性为强风化碳质砂岩,粉状煤系土主要岩性为强风化碳质泥岩,其中以粉状煤系土最为常见。本书主要研究对象为粉状煤系土。

一般情况下,当煤系地层较薄时(层厚约0.2~0.6 m),煤系土多呈层状,在水和外营力作用下易形成隔水、含水和强度低的软弱带[7],从而诱发顺层滑坡[8-11],此时煤系土的物理力学性质主要受到地下水的影响。而工程中煤系地层往往较厚,主要以煤系土路堑边坡的形式应用在公路、铁路等工程中,如京珠高速公路粤境小塘至甘塘段20 m以上煤系土高边坡合计达到11处[12]。由于煤系土开挖暴露后易于风化,其物理力学性质会迅速劣化,从而易发生煤系土路堑边坡坍塌、崩塌和滑坡等灾害,其中主要以浅层滑坡为主。例如杭瑞高速毕遵段施工过程中有6处煤系土路堑边坡发生不同程度的失稳,并造成1人死亡[6];湖南省郴州市相山大道煤系土路堑边坡因坡面人字形骨架施工不及时,煤系土暴露风化后强度衰减,造成边坡失稳,严重威胁堑顶电力设施的安全[13];夏蓉高速第7合同段K46+830~K46+980段落左侧边坡由于煤系土层出露后风化而强度衰减,发生明显滑坡[14];等等。煤系土路堑边坡滑坡失稳现场情况如图1-1所示。

(a) 路堑边坡滑塌　　　　　　　　(b) 桩间煤系土软化滑移

图1-1　煤系土边坡失稳

煤系土刚开挖暴露时,具有较强的岩性结构和抗剪强度,随着暴露风化过程的推进,其矿物成分、颗粒组成及结构性质发生变化而致使不同风化时间和埋深的煤系土呈现不同的强度[15]。虽然一些学者和工程技术人员针对煤系土的物理力学性质、改良方法及其开挖形成的边坡和填筑的路基的稳定性开展了研究,也取得了有益的结论,但没有深入分析暴露风化后煤系土强度衰减对工程安全稳定性的影响。同时,考虑目前岩土工程领域关注的风化作用主要任务是建立定量分析模型,形成抗风化设计的理论体系,并用于解决实际问题[16],因此有必要开展定量描述煤系土暴露风化后的强度衰减规律方面的研究。本书拟通过室内试验、理论分析和有限元数值计算等手段,确定煤系土风化过程的敏感指标,用微波加热仿真模拟风化过程,建立煤系土风化过程中抗剪强度指标与敏感指标的演变关系式。研究成果将促进对煤系土暴露风化过程的认识,为煤系土相关工程的应用提供理论指导。

1.2 国内外研究现状

由于煤系土多分布于我国南方山丘土坡之中,因此目前我国对于煤系土的研究多于国外。本节将从煤系土基本性质、风化作用对岩土体性质的影响以及描述煤系土风化过程中强度衰减规律过程的方法等三个方面,归纳总结所研究内容的国内外研究现状。

1.2.1 煤系土基本性质研究现状

煤系土主要是在山丘地区边坡开挖过程中遇到,目前对它的研究主要集中在煤系土基本性质和煤系土边坡防护方面。

1.2.1.1 煤系土物理力学性质方面

国内较早关于煤系土的文献报道是广东京珠高速公路粤境北段路堑边坡开挖揭露煤系地层[17]。工程技术人员和学者们最初主要是通过现场地质勘察和现场试验对煤系土物理力学性质进行简要分析和研究,定性总结出煤系土具有天然含水率低、胶结能力差、遇水易膨胀软化和结构破坏、开挖暴露风化而结构破坏丧失强度等特点[12,17-20]。

随着在广梧高速等越来越多的工程项目中开挖揭露出煤系土,学者们开始对煤系土进行系统试验研究。祝磊等[3,21]通过试验系统地研究了粉状煤系土和砾状煤系土的物理力学性质,试验结果表明粉状煤系土级配良好,具有保水性差、压缩性低和渗透系数小的特点;砾状煤系土级配不良,但碾压易碎,可能达到良好的级配特征。

胡昕等[2]针对煤系土易被雨水软化的特点,通过直剪试验研究了含水率对广梧高速沿线煤系土抗剪强度的影响规律。试验结果表明煤系土抗剪强度与起始含水率具有明显的相关性,在含水率较小时煤系土黏聚力随含水率增大变化幅度不大,当含水率较大时黏聚力随含水率增大迅速降低;内摩擦角受含水率影响较小。研究成果为广梧高速煤系土边坡的防护设计提供了理论基础。周邦良等[4]和祝磊等[21]关于粉状煤系土和砾状煤系土强度指标与含水率关系的研究获得了相似的结论。

符滨[22]首先通过室内不固结不排水试验发现煤系土在含水率小于20%时随含水率的增加抗剪强度变化较小,而在含水率大于20%时随含水率的增大抗剪强度迅速下降;然后通过固结排水三轴试验研究了应力释放对煤系土强度的影响,得出应力释放对强度的影响能力远不如含水率对强度的影响;最后通过干湿循环模拟煤系土边坡开挖暴露后的风化过程,结果表明随着风化作用的发展,煤系土密实度明显降低,微观结构破坏,胶结作用丧失,孔隙率增大且逐渐连通。

外文文献中关于煤系土基本性质的报道较少,且主要研究对象为煤系地层的主要岩性成分[23-24],即强风化碳质页岩[25-26]、强风化碳质砂岩[27]和强风化碳质泥岩[28-30]。

Yamaguchi 等[31]较早地开始对碳质泥岩的崩解特性和剪切强度进行了研究。

Lin 等[32]采用 X 射线衍射分析、X 射线荧光分析和扫描电镜技术,分析了泥岩的化学和矿物成分以及微细观结构,研究了泥岩在水中的化学成分及其结构的变化过程,推断了泥岩的水崩解机制。

Li 等[33]通过室内试验和现场试验研究了碳质泥岩的崩解特性,研究结果表明不同初始条件下碳质泥岩的崩解过程存在差异,但对崩解后的分形维数影响较小。黄宏伟等[34]对碳质泥岩遇水软化过程进行了相似的研究。

William 等[35]通过现场实地调查发现悉尼的碳质页岩孔隙度低,富含膨胀性的黏土矿物,具有水崩解的特性。

Marino 等[36]研究了伊利诺伊盆地煤系地层碳质页岩和泥岩的承载能力,结果表明煤系地层的岩土体暴露后遇水出现膨胀、崩解现象,持续加载将导致应变软化,对煤系地层的稳定性造成不利的影响。

Li 等[37]采用石灰和粉煤灰作为土工格栅的填充料加固煤系地层泥岩,改良后的混合料抗压强度达到原煤系泥岩的 2 倍以上。Zha 等[38]基于煤系土物理力学性质的分析,分别利用水泥和石灰对煤系土进行改良,并通过室内试验研究了改良煤系土的 CRB 值、水稳定性,结果表明煤系土不能直接作为路堤填料,水泥改良煤系土的工程特性优于石灰改良煤系土。

Liu 等[39]利用 XRD 和 SEM 现代分析试验方法分析了煤系地层碳质页岩的矿物组成和微细观结构,研究结果揭示水能破坏煤系土的颗粒联结情况,阳光和高温导致土体膨胀,促进煤系地层碳质页岩的软化和崩解。

1.2.1.2 煤系土边坡防护方面

苏少青等[17]在国内较早地基于京珠高速公路粤境北段的煤系地层路堑边坡的滑塌现象,分析和总结出煤系土具有松散、遇水软化流失的特点,提出了从坡脚、坡度、坡高、坡面、排水等方面对煤系土边坡进行加固的原则,并针对具体的工点实例给出煤系土边坡加固方案。

黄晓华等[18]针对具体的煤系土路堑边坡工程,提出采用钢筋混凝土人工挖孔桩＋预应力锚索地梁为支挡结构,并以浆砌片石和坡面植草护坡结合排水和削坡减载的方法,处治煤系土路堑边坡。

李吉东[12]通过对煤系地层地质条件和物理力学指标的分析,判断煤系土路堑边坡可能发生平面破坏和圆弧破坏,并总结了处治煤系土路堑边坡病害的经验。

刘伟[19]针对广清高速路堑高边坡开挖过程遇到的煤系土,发现煤系土主要岩性为碳质泥岩和碳质页岩,并指出风化作用和含水率对煤系土的强度具有明显影响,进而分析得出坡脚煤系土受风化作用和雨水的影响导致土体强度衰减引起边坡变形破坏式煤系土边坡的破坏机理,最后提出刚性锚杆注浆的方法加固煤系土边坡,并取得理想效果。

姜静等[20]通过分析煤系土层的分布特点以及工程地质条件、物理力学性质的特殊性,建议从路线优化上避免穿过含煤系土的不良地质路段,路线无法优化时可以采用浆砌片石护坡、加宽边坡平台和加强排水的方法处理煤系土边坡。

祝磊等[40-42]对煤系土边坡降雨入渗条件下边坡的稳定性进行了分析,并研究了煤系土边坡稳定性的敏感性,研究结果表明水分在煤系土边坡中的渗透迁移直接影响边坡的稳定性和最危险滑动面。

张毅等[43]等利用瞬态非饱和渗流软件研究了降雨条件下煤系土边坡的稳定性,结果表明煤系土结构性完整无裂隙时降雨对煤系土边坡稳定性影响较小;滑动面在较深位置,而煤系土边坡含裂隙时降雨对煤系土边坡的稳定性影响较大;滑动面在较浅位置,随着暴露时间增加滑动面由深向浅逐渐移动。该研究结果有助于揭示降雨入渗条件下煤系土浅层滑坡的机理。

Liu 等[44]以高速公路碳质页岩边坡为例,提出了在开挖加固碳质页岩边坡后,采用生态护坡的方式保证边坡的稳定性,实现了边坡植被的迅速恢复,促进了边坡施工与生态环境的和谐关系。

1.2.2 风化作用对岩土体影响的研究现状

风化指在大气、水等外营力的作用下材料性能发生的变化[45-47]。地质学中的风化指岩性的改变,往往需要经历长时间的作用才能完成[48-49],而岩土工程领域关注的风化主要指岩石或硬土暴露后受到温度、湿度、风和水的作用在几个月或几年的时间内发生的力学性质劣化。为从岩土风化角度研究煤系土在暴露风化过程中的强度衰减规律,本节将对国内外学者在风化作用对岩土体影响方面的研究做归纳总结。

1.2.2.1 模拟风化作用方面

风化作用可分为物理风化、化学风化和生物风化,其中物理风化指颗粒的破碎和分解,风化作用过程中不发生化学变化;化学风化指土体在充分与水、空气和阳光等接触后,发生化学变化生成新的矿物成分,其过程中一般伴随着物理风化的发生;生物风化一般是在微生物的作用下岩土体同时发生物理和化学变化[50]。可通过不同的试验方法模拟风化作用,研究风化过程中材料的物理力学性质变化,加上对材料溶解速率和生成物的分析,了解岩土材料的风化速率和风化产物并分析风化机理[51]。一些学者已经展开了相应的研究并取得一定的成果。

在模拟岩土材料物理风化方面,由于物理风化仅造成材料几何形态的变化,不发生矿物成分和元素组成的变化,过程相对简单,目前国内外学者主要通过干湿循环、冻融循环试验方法模拟物理风化。

Zollinger 等[52]基于 Hall 等[53]提出的岩土材料在低温的冻融循环作用下同样可以导致岩土体发生风化理念,通过多年现场勘察,研究了阿尔卑斯山脉多年冻土的风化作用及形成过程。

孙国亮等[54]采用多功能模块进行组合的结构设计理念,研制了室内模拟风化的试验仪器。该仪器不仅可以对堆石料进行干湿循环试验,还可以实现冷热循环和应力加载试验。试验结果表明干湿、冷热循环耦合环境对加载条件下的堆石料的强度有明显影响,材料出现一定的劣化变形。

张晗秋[55]以昌栗高速工程为依托,考虑煤系土边坡开挖暴露后表层滑塌现象,在分析煤系土微观结构和物理力学性质的基础上,采用崩解试验和干湿循环试验简单模拟煤系土暴露后的风化过程,提出煤系土遇水后的崩解过程可以采用 0.5～5 mm 粒径的土颗粒含量作为衡量煤系土崩解完成的标准。试验结果揭示随着干湿循环次数的增大,黏聚力呈现先增大后减小的变化,内摩擦角始终呈线性减小。

在模拟岩土材料化学风化方面,目前常用的方法是将岩土材料置入人工营造的高温高压环境[56]或酸碱盐溶液中[57-58]进行反应。一些学者还研制了仿真阳光、雨水、温度和空气的试验设备模拟化学风化作用。

Yoder 和 Eugster[59]研究了 K_2O-Al_2O_3-SiO_2-H_2O 体系,并在高温条件下人工合成了黏土矿物。

Hemley[60]在 200～550 ℃的条件下研究了 K_2O-Al_2O_3-SiO_2-H_2O 体系的相平衡,证明钾长石等成岩矿物可以蚀变成高岭石等黏土矿物。

Kawano 等[61]证明在 150～225 ℃的条件下黑曜石风化产物经水铝英石过渡为蒙脱石,在 150 ℃、175 ℃、200 ℃和 225 ℃条件下生成蒙脱石的时间分别为 30 d、10 d、3 d 和 1 d,结果表明随着温度升高成岩矿物生成黏土矿物的速率快速增加。

Hellmann 等[62]研究了长石在不同 pH 值条件的溶解速率,在强酸和强碱环境中溶解速率较快,而在中性环境中溶解速率较慢。

Welch 等[63]研究了在流动反应器中有机酸溶液溶解斜长石,结果表明有机酸溶液中,斜长石铝含量越高,其溶解能力越强。

Egli 等[64]研究了饱和 CO_2 弱酸溶液对碳酸盐岩的溶解能力,发现中粗颗粒的碳酸盐岩溶解速率小,小颗粒的溶解速率稍高一些,但整体上溶蚀能力有限。

Labus 等[65]建立了在室内模拟日晒、雨水和霜冻加速风化砂岩的试验模型。试验结果表明砂岩的风化主要是颗粒的破碎,孔隙度对岩石的吸水和保水以及抗风化性能具有重要影响。孔隙结构是砂岩的胶结作用的决定性因素。

在模拟岩土材料生物风化方面,主要通过加入微生物进行试验模拟,而不同微生物对矿物的风化作用具有不同的效果。微生物的新陈代谢能明显加快岩土材料的风化速率,促进形成新的矿物成分[66]。例如嗜酸铁细菌可以氧化还原矿物中多价态的金属元素[67]。有些真菌在培养过程中可以分泌有机酸,形成有机酸溶液,促进岩土材料的风化[68]。同时微生物还可以以机械破坏的形式促进岩土材料的风化[69]。

Barker 等[70]利用溶液化学和各种微观技术对土壤和地下水中细菌分批培养进行矿物溶解试验,以确定这些微生物对风化作用的影响。结果表明细菌在培养过程中产生的有机酸能促进岩土材料中阳离子的释放量,较无细菌作用条件下释放量高出 2 个数量级。

Kim 等[71]通过试验发现常规手段中需要在 300～350 ℃和 100 MPa 的环境下连续作用 4～5 月才能实现蒙脱石转变成伊利石,而在有微生物存在时,仅需要在室温和标准大气压的环境中作用 14 d。

Lian 等[72]试验研究了培养的硅酸盐细菌和嗜热真菌烟曲霉对含钾矿石的溶蚀和分解作用。结果表明硅酸盐细菌能促进含钾矿物的溶蚀,同时对于具有不同晶体结构矿物的溶蚀作用存在着明显区别;真菌烟曲霉与矿物接触后含钾矿物的钾元素释放量提高 3～4 倍,分解速率与溶液的 pH 值没有明显关系。

1.2.2.2 风化作用对岩土材料性质影响方面

风化作用下岩土材料的组成和性能发生了变化,不同学科对风化作用的研究方向存在差异,如地质学领域关注岩土材料化学矿物成分的变化,岩土工程领域主要研究岩土材料物理力学性能的变化,土壤学则认为风化作用带来的是正效应。

Cardell 等[73]采用盐溶液试验模拟在沿海环境条件下花岗岩和沉积岩的风化作用,通过对试验前后岩石的矿物成分和微观结构的分析,发现不同种类岩石在沿海环境中的风化形式和风化过程存在差异。孔隙分布特征对岩石的盐风化起着关键作用,且由于结晶过程在岩石中产生压力导致颗粒较大的花岗岩更容易受到盐风化的影响。

Ohta 等[74]为克服描述风化过程和确定风化程度的传统风化指数依赖于母岩构造的局限性,采用主成分分析方法确定了对风化过程中发生化学变化较敏感的指标,并通过沉积岩的风化趋势反向估计原岩构造。

Maher 等[75]的研究表明:由于黏土矿物对溶解的初级矿物的反应亲和力有很强的控制力,次生黏土矿物的沉淀和水的运输对圣克鲁斯地平线剖面具有较大的影响,风化速度和溶解矿物的总质量主要由斜长石初期溶解的热饱和度控制。

Angeli 等[76]研究了环境温度和盐浓度对沉积岩衰变的影响。结果表明在室温条件下,不同盐水浓度的溶液中岩土材料衰变情况存在差异,在低浓度溶液中岩石发生剥落,高浓度下分层结垢,水浓度越高,岩石中多孔网络中的结晶越深。

成玉祥等[77]在分析高寒地区岩石内的水和外界温度是岩石物理风化作用的主要原因和风化产物是泥石流物源的主要来源的基础上,采用冻融循环试验,测量了不同含水率条件下不同冻融循环次数时的岩石纵波波速、微观结构和抗拉强度。结果表明冻融循环次数越多,岩石的纵波波速和抗拉强度越小。

Sayao等[78]考虑水位波动区域的堆石料容易受到风化作用的影响,研制了可以连续浸滤岩土材料的室内试验设备,从而制备人工风化的堆石料,然后利用大型直接剪切试验仪测试对堆石料的力学行为进行了综合研究。试验结果表明经历过浸滤试验的玄武岩节理数量和岩石颗粒变形能力均有显著变化。通过与未风化的堆石料力学特性比较,风化堆石料的抗剪强度出现了显著降低。

蒋明镜等[79]在分析岩石风化过程中晶粒间的联结作用被削弱而导致结构缺陷的基础上,考虑风化的时效性,建立了考虑岩石化学风化作用的微观接触模型,并在离散元软件中模拟应用。结果表明该模型在离散元软件中可以实现岩石风化过程中单轴压缩强度和弹性模量减小的变化,能够反映晶粒间胶结的破坏。

吴霞等[80]对不同风化程度的灰岩进行了地质雷达波形和频谱分析。结果表明微风化至中风化灰岩无明显的强反射特征,频谱分散但主频突出,分布范围在 80~90 MHz,而强风化灰岩波形和频谱特征与其含水率有着明显的关系。刘传孝等[81]对片麻岩的地质雷达测试获得了相似的结论。

凌斯祥等[82]通过在不同 pH 值环境的硫酸溶液中制备不同风化程度的黑色页岩,利用单轴压缩试验,研究了风化作用对页岩力学性质的影响。结果表明随着风化程度的加深,其力学特性由脆性破坏向延性破坏转变,且单轴抗压强度和弹性模量均逐渐减小。

Deng等[83]研究了丘陵沟壑滑塌地区风化土层界限含水率和颗粒密度的变化规律。结果表明随着风化作用的进行,该地区的土体塑限迅速降低,液限逐步上升,颗粒密度迅速增大后略有下降,界限含水率指标可以作为反映丘陵沟壑去风化土层的风化程度。

1.2.3 煤系土工程特性分析方法研究现状

为研究煤系土抗剪强度风化演变规律并建立多因素的数学模型,本节将从现阶段使用较为广泛的多变量建模数学方法和独立分量分析方法及其应用方面综述多变量数学建模方法的研究现状。

1.2.3.1 多变量建模方法

目前,多变量建模主要通过分析自变量与因变量间的关系,建立多元线性或非线性回归方程,然后采用最小二乘法、逐步回归等方法计算各待定系数的最佳逼近;或者基于主成分分析(PCA)、因子分析和偏最小二乘等方法将数据从高维空间投影到低维空间,从而达到降维和减少数据冗余的目的,进而确定主要影响因素建立多元回归方程。其中最小二乘法是目前最为简单和普遍使用的回归分析方法,而近年来广泛使用的主成分分析方法是一种可以将数据在保留最重要信息的条件下从高维度压缩至低维度的处理方法。在主成分分析处理过程中,数据从原坐标系转换到新坐标系,第一个新坐标系的方向为包含原始数据最重要特征信息的方向,第二个新坐标系的方向为包含原始数据次重要特征信息的方向。重复该过程,可以发现原始数据的大部分主要特征信息均反映在前几个坐标系中,数据特征信息的重要程度可以由方差来衡量[84]。上述数学建立回归方程和模型方法的主要特点是[85]:

(1)假定原变量是满足独立同分布的高斯变量;

(2)降维处理时保留了原变量的主要信息,从高维度空间的相关变量投影到低维度空间的不相关变量,但降维过程仅去除了变量间的相关性,无法满足变量间的相互独立性[86];

(3)数据处理仅依赖一阶或二阶统计量信息,即均值和方差,不涉及高阶统计量信息。

传统的数据处理技术通常是在主分量分析的基础上,通过分解得到相互正交的分量,并且将这些分量按照能量的大小进行排列,因此该技术存在诸多局限性。即这些方法由于无法满足变量间的相互独立性,以及无法考虑高阶统计信息,导致建模时无法规避数据间的多重共线性和处理非线性数据等问题,造成回归模型系数矩阵呈现病态。而在盲源分离技术的基础上发展起来的独立分量分析(independent component analysis,ICA)方法作为新的处理多维信号方法具有更多的优势,能够有效地规避上述数据处理的弊端。

ICA 是 20 世纪 90 年代发展起来的一种新的数据处理技术,是一种可以从多个源数据的线性混合数据中分离出源数据信息的技术。相较于传统的数据源信息分解技术,独立分量分析技术可以对数据信息的增强和分析有更多帮助。ICA 具有如下优点[87]:

(1)ICA 不需要变换后的独立成分满足正交性,通用性和适用性更高;

（2）ICA 方法获取的独立源信号不仅去除了变量间的相关性，而且满足统计意义上的独立性；

（3）有效利用了变量的高阶统计信息，有利于更本质地描述原变量的特征。

数据分析的主要目的是希望通过合理的数学统计方法预测具体的物理指标的发展规律。ICA 可以获取观察数据的独立源数据信息，但当需要以观察数据为自变量建立与因变量合理的数学模型时，还需要借助回归分析方法建立独立源数据与因变量的关系式。因此在研究煤系土风化过程中强度衰减规律时，有必要进一步运用 ICA 分析结果建立回归模型来达到预测煤系土的力学性质指标的目的。基于 ICA 的回归方法称为独立分量回归（ICR），现阶段已有学者从不同的角度出发建立了相应的 ICR 方法。由于独立源信号去除了向量间的相关性和共线性，Westad[88] 等提出与主成分回归（PCR）方法相似的回归方法，即通过因变量与独立源信号的回归系数计算初始回归模型的系数；Shao 等[89]将 ICA 与 PLSR 结合建立了能够提取必要信息和有效成分的回归方法。

1.2.3.2　ICA 方法研究现状

盲源分离技术（BSS）兴起于 20 世纪 90 年代，ICA 是在盲源分离技术基础上发展起来的处理多维信号的一种新方法，近年来在信号处理方面受到广泛关注。ICA 问题隶属于优化问题领域，其根本目的是寻找一个解混矩阵，使得变换后的信号是对源信号的最佳逼近。这个概念首先是由 Herault 等[90-91] 学者提出，自此，关于独立分量分析技术的理论研究和应用迅速展开[92-94]。

ICA 需要解决的本质问题是已知观察数据 X 是由独立源数据 S 与矩阵 A 相混得到的，在 S 与 A 未知的情况下，寻求一个解混矩阵 W，令 X 通过与 W 混合得到的 Y 是独立源数据 S 的最佳答案[95]。在独立原则的基础上，独立分量分析时需要确定两个方面的内容：一是优化判据，即确定目标函数来判断信号是否满足独立性条件；二是优化算法，即如何确定解混系统的参数。目标函数决定了算法的渐进方差、鲁棒性和一致性等统计性质，优化算法决定了算法的收敛速度和计算结果的稳定性[96]。

（1）目标函数

独立性的判据从根本上讲应该是统计学的定义：联合概率密度函数（pdf）是否可以表示成边际 pdf 的乘积，即判断式（1-1）是否成立。

$$p(Y) = \prod_{i=1}^{n} p(y_i) \tag{1-1}$$

式中，$p(\cdot)$ 表示联合概率密度函数。

但由于 $p(\boldsymbol{Y})$ 和 $p(\boldsymbol{y}_i)$ 均未知,需要借助其他数学统计信息作为优化判据确定目标函数。目前主要采用 3 种方法确定目标函数:基于非高斯性的独立性判据、基于信息论的独立性判据和基于高阶统计量的独立性判据[97]。具体的,变量的非高斯性常采用峭度和负熵测度;信息论的独立性判据主要包括互信息最小和信息熵最大两种方法;基于高阶统计量的独立性判据分为显累积量法和隐累积量法。

学者们根据不同的判据给出了对应的目标函数和相适应的算法,其中基于负熵测度变量的非高斯性的优化判据目标函数得到了较为广泛的应用。进行独立分量分析时,由中心极限定理,所求得的信号 $\boldsymbol{Y}$ 的各信号 $\boldsymbol{y}_i$ 相互独立时非高斯程度达到最大,而负熵是一个度量信号的非高斯性较为稳健的判据。输出的解混信号 $\boldsymbol{Y}$ 负熵的定义为:

$$J(\boldsymbol{Y}) = H(\boldsymbol{V}) - H(\boldsymbol{Y}) \tag{1-2}$$

式中,$J(\boldsymbol{Y})$ 为 $\boldsymbol{Y}$ 的负熵;$\boldsymbol{V}$ 为与 $\boldsymbol{Y}$ 具有相同协方差矩阵以及均值的高斯随机变量;$H(\cdot)$ 表示微分熵,以式(1-3)计算:

$$H(\boldsymbol{Y}) = -\int p(\boldsymbol{Y}) \log p(\boldsymbol{Y}) \mathrm{d}\boldsymbol{Y} \tag{1-3}$$

根据负熵的定义,负熵值总是非负的,随机变量的负熵越大,其非高斯性越强,当且仅当负熵等于 0 时,随机变量为高斯随机变量。因此当式(1-3)取最大值时,可判断 $\boldsymbol{Y}$ 中各信号 $\boldsymbol{y}_i$ 相互独立。然而负熵在使用时仍存在计算困难的问题,芬兰学者 Hyvärinen 和 Oja 提出了估算式(1-2)的一个近似计算公式[93]:

$$J(\boldsymbol{y}_i) \approx \{E[F(\boldsymbol{y}_i)] - E[F(\boldsymbol{v})]\}^2 \tag{1-4}$$

式中,$\boldsymbol{y}_i$ 为解混信号随机变量 $\boldsymbol{Y}$ 的第 i 个矢量;$\boldsymbol{v}$ 是服从均值等于 0 且方差等于 1 的高斯分布矢量;$F(\cdot)$ 是任意的非二次的且非线性的函数。

F 函数的选取能有效地促进式(1-4)对负熵的估算。常用的 F 函数及其一阶导函数 $f(\boldsymbol{Y})$ 和二阶导函数 $f'(\boldsymbol{Y})$ 如表 1-1 所示,其中 a_1 的取值范围为 $1 \leqslant a_1 \leqslant 2$。

表 1-1　常用 F 函数及其导函数

序号	$F(\boldsymbol{Y})$	$f(\boldsymbol{Y})$	$f'(\boldsymbol{Y})$
1	$\dfrac{1}{a_1} \log \cosh(a_1 y)$	$\tanh(a_1 y)$	$a_1[1 - \tanh^2(a_1 y)]$
2	$-e^{-\frac{y^2}{2}}$	$y e^{-\frac{y^2}{2}}$	$(1 - y^2) e^{-\frac{y^2}{2}}$
3	y^4	y^3	$3y^2$

（2）优化算法

确定了 ICA 目标函数，接下来需要解决的问题就是如何计算解混模型的参数以达到目标函数取得极大值或极小值。目前学者们已经提出了一些可行的算法，如 Jacobi 法、极大峰度法（Maxkurt 法）和 JADE 法等批处理算法，以及信息极大法（Infomax 法）、自然梯度法、固定点（Fix Point）算法[98-99]等自适应处理算法。

Comon 等[94]学者在 1994 年对 ICA 的概念进行了详细阐述，并且提出了一种有效的算法，该算法允许在多项式时间内计算数据矩阵的 ICA，并用提出的算法进行了仿真模拟。1995 年，Bell 等[100]提出了一种新的自组织学习算法。该算法不假设输入分布的任何知识，能最大限度地利用非线性单元网络中传输的信息，将网络应用于源分离问题。Bell 等[100]利用新算法成功地分离了多达 10 个扬声器的未知混合物，并且推导了信息传递对时滞的依赖关系。尽管这个算法只是对超高斯信号处理时有效，具有一定的局限性，但其极大地促进了 ICA 方法的发展。随后在 1998 年，美国学者 Lee 等[101]基于 Bell 等[100]提出的 Infomax 算法，提出了一种新的算法。该算法通过使用一种简单的学习规则[102]，能够对带有亚高斯和超高斯源分布的混合信号进行盲分离，并且证明了扩展的 Infomax 算法能够很容易地将 20 个源与各种源分布分开。除上述研究外，美国赫尔辛基理工大学的 Hyvärinen 等[92-93,103-104]提出了一种新的 ICA 快速算法用于盲源分离和特征提取，介绍了将神经网络学习规则转换为固定点迭代的方法。该算法每次只找到一个非高斯独立分量，而不考虑它们的概率分布，计算可以以批处理模式或半自适应方式进行，比传统算法快 10～100 倍。该算法不依赖于任何用户定义的参数，并且能够快速收敛到数据所允许的最精确解，简单实用，大大促进了 ICA 方法的应用。

1.2.3.3　ICA 的应用

通过相关科研人员二十多年的不懈努力，ICA 技术得到了快速发展并取得了卓越的成就，不断有更高效的算法被提出。目前 ICA 已在图像处理[105]、信号去噪[106]以及变形监测数据处理[107]等越来越多的领域中得到应用。

在医学领域，Makeig 等[108]将这项技术应用到脑磁图扫描，介绍了一种使用 ICA 技术将大脑活动与人工制品分离的新方法。这种方法假设大脑活动和人工制品（如眼球运动、眨眼或传感器故障）在解剖学和生理学上是分离的过程，这种分离反映在由这些过程产生的磁信号之间的统计独立性上。此外，还可以利用 ICA 技术将核磁共振成像时身体其他部位的影响进行剔除，从而更准确地确定激活区。

在图像处理领域,ICA 的应用主要集中在以下几个方面:图像特征提取、图像去噪、人脸识别、图像分离和检索等。Bell 等[109]展示了一种新的基于信息最大化的无监督学习算法——非线性的"Infomax"网络,并利用 ICA 方法来提取自然图像的边缘特征。Hyvärinen 等[110]将 ICA 技术和系数编码技术结合起来,用于提取图像特征,可以将组件上的一种软阈值运算符进行稀疏编码,以减少高斯噪声。Cheng 等[111]应用 ICA 方法,通过提取复杂色彩图像的局部色彩特征和纹理特征,进行图像分割,并通过将新方法与灰度纹理分析方法的结果进行对比,验证了新方法的有效性。

在语音识别与增强领域,ICA 方法也有诸多应用。例如著名的"鸡尾酒会"问题:在一个嘈杂的鸡尾酒会中,利用 ICA 方法,可以通过将混有各种语音信号的嘈杂声进行信号分离,将不感兴趣的说话人的语音信号作为噪声对待,从而能得到想要的感兴趣说话人的语音信号[112]。在"鸡尾酒会"的背景下,相关学者通过利用 Infomax 算法,对一组混合的声音信号进行了分离,成功得到了 10 路信号,从而证明了 ICA 方法在分离混合语音信号时的有效性和可行性。此外,Hoyer 等[104]将 ICA 技术应用到语音识别中,探讨了 ICA 作为一种统计技术,用于在自动语音识别的背景下,为光谱和倒谱图的投影提供合适的数据驱动表征基础的可行性,同时基于语音变异的独立机制与统计独立性概念的紧密联系,提出了一种新的特征变换,可以提高系统的识别性能。

在机械领域,ICA 方法可以用于机械振动故障诊断。振动是反映机械振动最敏感的参数之一,因而可以利用机械的振动信号来诊断机械故障和监测设备状态。Wang 等[113]将 ICA 方法应用到机械故障诊断中,通过将机械振动信号中机械故障的信号分离,对机械的故障进行了评估,对机器故障诊断具有重要意义,并通过仿真计算和实验验证了该方法的有效性。Miao 等[114]介绍了一种用于盲源分离和机器故障诊断特征提取的新算法,该算法不依赖于任何用户定义的参数,能够快速收敛到数据所允许的最精确解,并通过实例说明了该方法在机器故障诊断中的可行性和有效性。Thelaidjia 等[115]采用 ICA 方法,利用基于粒子群优化算法的支持向量机,对滚动轴承进行故障诊断。Widodo 等[116]通过将 ICA 方法和支持向量机结合,利用最小优化算法对故障支持向量机进行训练,采用 ICA 方法进行故障识别,将 ICA 技术应用到了感应电机的故障诊断中。

在土木工程领域,Abdel-Qader 等[117]利用地质雷达,通过将分形法检测缺陷区域的特征提取算法和 ICA 的反褶积算法相结合,提出了一种桥面内部缺陷自动检测与定位的新方法。Chahine 等[118]利用 ICA 方法对地质雷达的结果进行盲反褶积,将其应用到薄路面厚度估计中。Yang 等[119]提出了一种基于 ICA 方法的结构地震反应有损数据压缩方法,对多通道数据之间的冗余信息进行了删除,并通过 1994 年北岭大地震结构地震响应的实测数据,分别对消防指挥控制(FCC)大楼和南加州大学医院大楼进行了抗震分析,验证了新方法的有效性。

1.3　研究内容

1.3.1　现阶段研究的不足

综合上述文献,发现针对煤系土强度在暴露风化过程中演变规律的研究存在如下不足:

(1) 在研究风化作用下岩土材料的矿物成分和性质变化时,通常以干湿循环、冻融循环等方法模拟物理风化作用,通过营造高温高压环境或不同浓度的酸碱盐溶液的方法在室内模拟仿真化学风化作用,使用不同种类的微生物研究生物风化作用。煤系土暴露后的风化过程包括物理风化和化学风化,且化学风化一般包含物理风化。若采用常规的酸碱盐溶液方法模拟煤系土风化作用,则会出现不利于控制煤系土暴露后的风化过程的问题,且描述模拟风化方法控制因素与自然状态下煤系土暴露后的风化关系时较为困难;若采用营造高温高压环境的方法模拟煤系土风化过程,需要消耗大量的能源且存在安全隐患。因此有必要寻求一种新的试验手段,模拟仿真煤系土暴露后的风化过程。

(2) 为建立煤系土抗剪强度衰减模型,在分析强度指标与多个描述风化过程敏感性指标关系的基础上,通常采用最小二乘法、逐步回归、主成分分析、因子分析和偏最小二乘法等方法建立多元回归方程。然而这些方法无法满足变量间的相互独立性和无法考虑高阶统计信息,以及建模时无法规避数据间的多重共线性和处理非线性关系等问题,造成回归模型系数矩阵呈现病态,容易降低建立的数学模型的准确性和适用性。虽然在盲源分离技术的基础上发展起来的 ICA 方法能够有效地规避上述数据处理的弊端,但是在土木工程领域鲜见这种方法的应用,因此如何合理利用 ICA 方法有待进一步研究。

（3）目前对煤系土主要是从其基本物理力学性质、工程特性的改良以及边坡的稳定性分析和防护处治方案等方面进行研究，对煤系土开挖暴露后强度演变规律研究较少。虽然许多学者的研究已经指出煤系土开挖暴露后具有易于风化而导致结构破坏、强度降低的性质，但仅是定性地进行描述，定量描述煤系土开挖暴露后强度演变规律的研究较少。

1.3.2　研究内容

本书以实际工程的路堑边坡稳定性为研究背景，通过宏、微细观试验，确定煤系土开挖暴露后对强度衰减影响的敏感指标；针对煤系土开挖暴露后的独特风化过程，提出微波加热仿真模拟试验方法，给出模拟风化试验方法影响因素与自然风化时间关系表达式；在系统试验研究基础上，利用独立分量分析方法，建立风化作用下煤系土抗剪强度指标演变关系式。主要研究内容如下：

（1）利用 X 射线衍射分析法和常规土工试验方法，揭示在不同暴露时间下，煤系土矿物成分和物理性质指标的变化规律；利用土体微细结构变化试验方法，研究在不同暴露时间下，煤系土微细结构特征参数的变化规律；根据获取的不同暴露时间的物理性质指标数据及变化特点，利用控制因素敏感性分析方法，确定反映煤系土风化过程的敏感指标。

（2）针对煤系土暴露风化特点，以及微波加热作用的特殊过程，借鉴加速应力试验原理，探讨采用微波加热手段仿真模拟煤系土风化过程的可行性，并建立相应的试验方法和试验步骤；以煤系土风化过程敏感指标为控制指标，以微波加热仿真指标和相关物理指标为影响因素，并根据每个影响因素变化范围确定等距离的因素水平。然后，利用正交试验方法，研究影响因素变化与控制指标变化的相关性和显著性，并建立控制指标与影响因素的回归方程。利用不同暴露风化时间的试验数据对微波加热模拟煤系土风化作用的试验方法和回归方程进行验证。

（3）考虑煤系土暴露风化时间较短且数量不足，根据研究目的选择常规固结不排水剪切试验（CU 试验）测试仿真模拟试验获取的不同风化时间煤系土试样强度指标；然后基于独立分量分析方法和具有快速收敛速度的 FastICA 算法，采用 ICR 方法建立煤系土风化过程中抗剪强度指标与敏感指标之间的演变关系式，并通过暴露风化煤系土的 CU 试验结果进行验证。

1.4　技术路线

本书研究技术路线如图 1-2 所示。

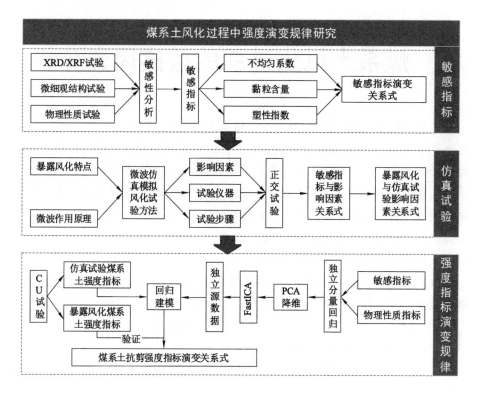

图 1-2　技术路线图

2 煤系土风化过程的敏感因素分析

煤系土属于一种不良土,具有开挖后风化速度快、性能不稳定、强度衰减幅度大且不可逆转、遇水软化和泥化等特点。影响煤系土暴露风化过程性能衰减的因素很多,除暴露时间外,还与自身矿物质特性、物理力学指标等有关。为了便于开展煤系土在风化过程中强度衰减的演变规律研究,本章在获取不同暴露时间下,矿物质成分、微细结构和物理性质指标变化的室内试验研究基础上,利用控制因素敏感性分析方法,确定反映煤系土在风化过程中的敏感指标。主要研究内容如下:

(1) 根据研究目的和煤系土不同条件下的风化特点,借助已有的试验规范,确定涉及试验的制样方法、试验方案和试验步骤。

(2) 利用 X 射线衍射分析法和常规土工试验方法,揭示在不同暴露时间下,矿物质成分和物理性质指标的变化规律。

(3) 利用土体微细结构变化试验方法,研究在不同暴露时间下,煤系土微细结构特征参数的变化规律。

(4) 根据获取的不同暴露时间的物理性质指标数据及变化特点,利用控制因素敏感性分析方法,确定反映煤系土风化过程的敏感指标。

2.1 煤系土暴露风化过程中矿物成分变化分析

煤系土的颜色、组成结构及其物理力学性质最根本的决定因素是土体的元素组成和矿物成分,因此有必要对煤系土进行元素和矿物成分的定量分析。

煤系土风化作用可分为物理风化、化学风化和生物风化,本书不考虑生物风化的影响。根据化学反应质量守恒定律,物理风化和化学风化本质的区别是风化前后是否发生矿物成分的变化,但无论何种风化,均不会发生元素组成的变化。因此,本节对原状未暴露风化煤系土开展元素分析试验,而分别对不同风化时间的煤系土开展矿物成分分析试验,以判断煤系土暴露风化类型及矿物成分变化特点。

2.1.1　试验方法

2.1.1.1　矿物成分分析方法

黏土矿物的含量对土体的物理力学性质有极大的影响[120],因此,分析煤系土的矿物成分组成,有助于掌握煤系土的风化类型和风化程度。

(1) X射线衍射分析法

为了准确确定土样中的矿物成分,采用X射线衍射分析法(XRD)进行鉴定。XRD能够半定量地给出各种矿物的含量比例,其原理是不同矿物具有不同的晶体构造,而不同的晶体构造在受到X射线的作用下会产生不同的衍射图谱,通过与标准图谱对比,确定各衍射峰对应的矿物成分。XRD试验在南京大学现代分析中心进行,使用的是赛默飞XTRA型X射线衍射仪,该仪器的主要参数如表2-1所列。

表2-1　X射线衍射仪主要参数

功率 /kW	测角范围 2θ /(°)	测角准确性 /(°)	测角重复性 /(°)	测角复现性 /(°)	分辨率(半高宽) /(°)
2.2	0.5~135	≤0.01	≤0.001	≤0.001	≤0.07

(2) 试验方案和步骤

取未风化煤系土和不同暴露时间下风化处理后的煤系土样,于阴凉处自然风干后,过200目筛(0.075 mm),然后进行XRD试验。获取的衍射图谱,利用MDI JADE6.5图谱分析软件,并基于PDF2004标准卡片进行分析[121]。

2.1.1.2　元素分析方法

(1) X射线荧光分析方法

土体中每一种元素受到一次X射线的激发后将放射出二次X射线,根据不同元素所放射出的二次X射线的能量特性,可以确定各种元素的种类和含量,这种方法称为X射线荧光分析(XRF)。

(2) 试样方案和步骤

为探测煤系土的元素组成,将未风化煤系土置于室内阴凉位置风干处理后,用木碾在橡胶板上碾散,取块状和粉状煤系土,再分别用碾钵碾磨,过 320 目筛(孔径 0.05 mm),以粉末形态进行试验。试验在南京大学现代分析中心进行,操作方法基于《波长色散型 X 射线荧光光谱方法通则》(JY/T 016—1996),使用 ARL 9800 XP 型 X 射线荧光光谱仪,进行多元素近似含量分析。

2.1.2 未暴露煤系土试样

武深高速公路仁化(湘粤界)至博罗公路位于广东中北部山区,沿线地层主要有燕山期花岗岩,侏罗系泥岩、砂岩、页岩,石炭系砂质页岩、碳质页岩、细砂岩夹劣质煤煤系地层、泥盆系石英砂岩、粉砂岩夹绢云母页岩、粉砂质页岩等,石炭系有煤系地层出露。现场取样地点在该工程 TJ19 标段 K405+180~K405+330 段路堑边坡,根据地勘资料揭示,该地区煤系地层主要为强风化碳质页岩和强风化碳质泥岩,灰黑色,泥质胶结,岩芯呈土柱状,手易掰散,易污手,遇水易软化。边坡现场开挖过程如图 2-1 所示。

图 2-1　煤系土边坡开挖俯瞰图

根据规范[122]要求,当需要测定土样的物理性质、力学性质和微观结构性质时,需要取不扰动土样。现场取样时,在该煤系土边坡开挖过程中,采用重锤少击法,快速将薄壁取土器击入土中,在原山体表面以下约 5~7 m 深处位置,取得 8 个原状未风化煤系土样。现场立即对取土器密封并用聚乙烯复合气泡垫包裹、编号,装入填充泡沫的木箱内,搬运过程轻拿轻放。同时,为了制备风化煤系土样,以挖掘机开挖的方式取得约 200 kg 扰动土样,用密封袋装运。现场取样如图 2-2 所示。土样通过汽车以高速公路直达的方式运至实验室。

图 2-2 现场取样图

2.1.3 煤系土暴露风化试样

现场踏勘和已有的研究成果表明,煤系土开挖过程中受到施工扰动,然后暴露在空气中与雨水、阳光接触,迅速风化,其物理力学性质劣化速度远大于有上覆土层保护状态时自然沉积的原状土体。为研究暴露风化后的煤系土,因风化过程与施工过程同步,且取土地点与土工实验室相距较远,试验无法及时获取施工现场自然状态下煤系土风化土样,因此将取得的未风化煤系土扰动土样在室外放置一定时间,以等效替代实际工程中路堑边坡开挖后的暴露风化煤系土。

制备自然条件下暴露风化煤系土的方法如下:准备 4 个开口塑料盒子,塑料盒尺寸 35 cm×24.5 cm×20 cm,每个盒子装入 5.0 kg 扰动的未风化煤系土,将开口塑料盒置于室外,可正常与空气、雨水和阳光接触。为模拟自然状态下雨水的地表径流影响,在塑料盒 4 个侧边略高于土表面位置和底部各开 6～8 个直径 2 mm 小孔,以便降雨后雨水在土体表面流淌,排出和带走微小颗粒,模拟现场雨水冲刷带走土粒现象,同时可以防止土样长时间浸泡在水中使土样遭到破坏。4 个盒子依次编号 ZF20、ZF40、ZF80 和 ZF160,分别放置在室外 20 d、40 d、80 d 和 160 d,达到设定时间后将土样取出,放置阴凉干燥位置自然风干,用于开展下一步相关试验。煤系土暴露风化试样见图 2-3。

考虑到煤系土常出现在我国华南地区,该地区年最低气温较高,为了在异地能更好模拟现场环境气候等因素,将自然风化煤系土的制备时间定在 5～10 月份。

（a）自然暴露风化土样盒　　　　　　（b）自然暴露风化80 d土样

图 2-3　自然暴露风化试验过程

试验过程中观察到,随着室外放置时间的增加,加上雨水导致的干湿作用,容器内除块状孤石外,土体中的块状大颗粒逐渐崩解为小颗粒,部分细颗粒土体还随雨水流出。这与工程现场的边坡表面雨后细小颗粒流失现象接近,表明室外放置敞口容器基本能模拟现场自然开挖后暴露风化状态。

2.1.4　试验结果分析

2.1.4.1　矿物成分分析结果

未风化和风化 160 天的煤系土 X 射线衍射图谱见图 2-4,其中横轴为 2 倍衍射角,纵轴为衍射峰强度。

分析 XRD 图谱,发现煤系土的主要矿物成分为石英、云母、高岭石和伊利石,含有少量的方解石、钾长石、蒙脱石和绿泥石,石英、云母等成岩矿物是碎屑和粗颗粒的主要成分,高岭石、伊利石等黏土矿物是细颗粒的主要成分。不同风化时间煤系土矿物成分分析结果见表 2-2。

需要指出的是,XRD 只是一种半定量分析方法,且在一般情况下得到的土样矿物成分含量误差较大,不能直接以 XRD 分析结果作为定量分析煤系土风化演变定量指标,因此本书仅对 XRD 分析结果做定性分析。

可以发现,随着风化时间的增加,石英和黏土矿物含量增大,云母和方解石等的含量逐渐减小,表明煤系土开挖暴露风化过程中发生了矿物成分的变化,为化学风化作用。化学风化作用可以理解为成岩矿物发生氧化反应产生黏土矿物的过程,即云母等成岩矿物在自然风化作用下,逐渐分解为黏土矿物和以

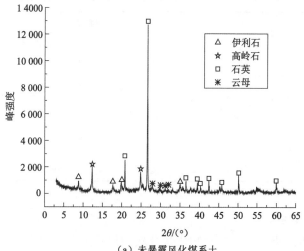

（a）未暴露风化煤系土

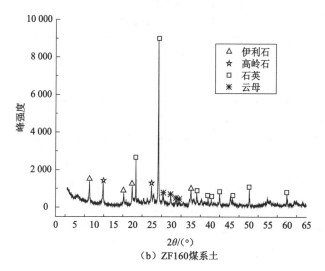

（b）ZF160煤系土

图 2-4　煤系土 XRD 图谱

石英为主要成分的碎屑,从而表现为随着风化时间的增加,成岩矿物含量降低、黏土矿物含量升高,风化程度加深。在相同风化时间间隔下,风化开始阶段,各矿物成分含量变化较大;随着风化的进行,矿物含量的变化量逐渐减小。这表明煤系土开挖暴露在空气中后,将迅速风化;随着风化时间的增加,风化速率将逐渐减小,各矿物成分含量趋于稳定。

表 2-2　不同暴露时间风化煤系土矿物成分分析结果

土样	风化时间/d	矿物成分/%			
		石英	云母、方解石等	黏土矿物(高岭石、伊利石、蒙脱石和绿泥石等)	其他
WFH	0	18.8	39.81	20.04	21.35
ZF20	20	24.21	27.32	31.00	18.59
ZF40	40	28.55	22.92	35.95	15.59
ZF80	80	31.67	15.48	38.64	14.21
ZF160	160	33.21	12.21	40.21	14.37

2.1.4.2　元素分析

元素分析结果以对应氧化物质量分数的形式给出。检测结果见表 2-3。

表 2-3　土样元素分析

成分		SiO_2	Al_2O_3	K_2O	CaO	Fe_2O_3	Na_2O	MgO	其他	烧失量
质量分数/%	块状	35.45	15.82	18.04	15.33	1.53	0.023	0.58	0.01	13.22
	粉状	51.38	31.92	2.99	0.09	0.89	0.40	0.21	1.16	10.96

从表 2-3 可知,块状煤系土的主要化学成分为 SiO_2、Al_2O_3、K_2O 和 CaO,占总质量的 84.64%,粉状煤系土的主要化学成分为 SiO_2 和 Al_2O_3,占总质量的 83.3%;元素分析过程烧失量主要包括碳、硫和有机质等,块状煤系土烧失量占总质量的 13.22%,而粉状煤系土烧失量占总质量的 10.96%。块状煤系土烧失量较粉状煤系土大,分析其原因主要为块状煤系土中含有 $CaCO_3$ 等在高温中易于分解的块状成分,这与粉状煤系土中 CaO 含量较少的试验结果一致。

矿物成分分析结果已经证明煤系土暴露风化过程发生了化学风化作用,在地质学中,通常以化学蚀变指数 $CIA = W_{Al_2O_3}/(W_{Al_2O_3} + W_{K_2O} + W_{Na_2O} + W_{CaO})$ 来描述化学风化程度[123]。根据元素分析试验结果,块状和粉状煤系土的化学蚀变指数 CIA 分别为 32.15% 和 90.17%,表明粉状煤系土的风化程度远大于块状煤系土,因为它在自然风化过程中会受到化学侵蚀作用,碳酸盐等矿物质逐渐分解,造成钠、镁、钙等元素的损失,使得化学蚀变指数增加。煤系土在覆盖土层以下尚未暴露时,块状和粉状煤系土掺杂在一起,经计算,其 CIA 值为 56.42%。

另外,通过与土体中三大黏土矿物的黏粒分子率（SiO_2 与 Al_2O_3 质量比）和二氧化硅与倍半氧化物的比值（SiO_2 与 R_2O_3 质量比）,可以初步判断未知土体的主要矿物成分。查阅文献[124],高岭石、蒙脱石和伊利石的黏粒分子率分别为 1.23、2.74 和 2.02,二氧化硅与倍半氧化物的比值分别为 1.21、2.73 和 1.75。根据元素分析试验结果,块状和粉状煤系土的黏粒分子率分别为 2.24 和 1.61、二氧化硅与倍半氧化物的比值分别为 2.04 和 1.57,与伊利石的这两个指标较为接近,这也表明矿物成分分析结果具有一定的准确性。

2.2　煤系土暴露风化过程中物理指标变化规律

依据《土工试验方法标准》（GB/T 50123—2019）[125],对原状未暴露煤系土的基本物理性质进行测定[126]。测试过程中每组都设置平行试验,当平行组试验结果相对误差小于 10% 则进行分析,结果相差较大的进行重复试验。

煤系土颜色呈灰黑色,这是受到土体内有机质的影响,因此首先采用重铬酸钾容量法测定其有机质含量。测试结果表明,煤系土有机质含量为 6.67%,大于 5%,为有机质土。考虑有机质含量大于 5% 且小于 10%,因此在含水率试验中采用烘干法,即在烘箱温度 65~70 ℃条件下烘 48 h 以上测定含水率,采用环刀法测定天然密度,测得原状煤系土天然含水率 $w_0 = 24.73\%$,天然密度 $\rho_0 = 1.82$ g/cm^3。

由元素矿物成分分析可知,在煤系土风化过程中,煤系土发生矿物成分变化、颗粒破碎、胶结作用减弱,反映在物理性质上主要体现在颗粒大小和界限含水率的变化。因此通过对不同风化时间的煤系土进行颗粒分析试验和界限含水率试验,研究风化作用对煤系土物理性质的影响。

2.2.1　风化作用对煤系土颗粒组成的影响

考虑到所取土样中黏土矿物含量较高,且在前期的预试验中发现取样煤系土遇水崩解后细颗粒含量占到 80% 以上,故本试验中采用密度计法和筛分法测定不同自然风化作用时间煤系土的颗粒级配。

颗粒分析试验过程（见图 2-5）如下:

(1) 土样在室内自然风干,并在橡胶垫上用木碾碾散,过 2 mm 筛;

(2) 取筛后土样 30 g,调配浓度为 4% 的六偏磷酸钠溶液 10 mL 作为土颗粒分散剂,一并倒入 200 mL 水中搅拌浸泡 24 h;

（a）密度计测量　　　　　　（b）过0.075 mm洗筛　　　　　（c）洗筛后过筛组

图 2-5　密度计颗粒分析试验过程

（3）将溶液倒入直径 6 cm、高度 45 cm 的量筒内，添加水至 1 000 mL，为了使量筒内的土颗粒初始状态下分布均匀，用搅拌器沿量筒内壁上下缓慢搅拌；

（4）将甲种密度计放入量筒中，读取并记录停止搅拌后历时 0.5 min、1 min、2 min、5 min、10 min、15 min、30 min、60 min、120 min、1 440 min 的密度计读数，同时用温度计测定读数时的溶液温度用于温度校正；

（5）读数结束后将土体溶液过 0.075 mm 洗筛，筛余部分土体风干后再过 0.1 mm、0.25 mm、0.5 mm、1 mm 的筛组，并称重各筛筛余土体质量；

（6）记录试验数据并绘制粒径分布曲线，分析不同自然风化作用时间的煤系土的颗粒级配。

由于步骤(1)中过 2 mm 筛后，筛上剩余煤系土不足 15%，因此颗粒分析时忽略粒径大于 2 mm 部分，则颗粒级配曲线如图 2-6 所示。

根据图 2-6 计算得不同风化时间煤系土的不均匀系数 C_u 和曲率系数 C_c，而且由元素分析和矿物成分可知，随着煤系土风化作用时间的增加，成岩矿物和碎屑等逐渐转化为黏土矿物，一般情况下黏土矿物颗粒即黏粒的粒径小于 0.005 mm，则不同风化时间煤系土颗粒分析结果汇总如表 2-4 所列。

按《土的工程分类标准》(GB/T 50145—2007)[127]规定，当 $C_u \geqslant 5$ 且 $1 \leqslant C_c \leqslant 3$ 时，土的级配是良好的。从表 2-4 可知，风化时间少于 20 d 时煤系土的级配良好，但是风化大于 40 d 后，煤系土曲率系数小于 1，级配是不良的，且级配不良的程度随风化时间的增加越来越高。

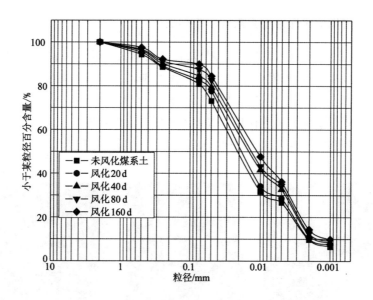

图 2-6　不同暴露风化时间煤系土颗粒级配曲线

表 2-4　不同风化时间煤系土颗粒分析

风化时间/d	0	20	40	80	160
不均匀系数 C_u	30.084	26.014	21.890	19.816	17.125
曲率系数 C_c	2.114	1.368	0.611	0.317	0.137
黏粒含量/%	26.7	28.6	31.7	34.3	36.2

　　由表 2-4 还可看出,随着风化时间的增加,煤系土的不均匀系数和曲率系数均逐渐减小,黏粒含量逐渐增大。在风化前 20 d 内,C_u 平均每天减小 0.203 5,C_c 平均每天减小 0.037,黏粒含量平均每天增大 0.095%;在风化 80～160 d 时,C_u 平均每天减小 0.034,C_c 平均每天减小 0.002,黏粒含量平均每天增大 0.024%。这表明 C_u、C_c 和黏粒含量随着风化作用时间的增加,变化速率逐渐减小。分析其原因是风化作用前期,煤系土开挖暴露后其不稳定的矿物成分迅速风化,颗粒组成变化较大;而在风化作用后期,随着煤系土风化程度越来越高,煤系土矿物成分趋于稳定,颗粒粒径变化减缓,风化作用对煤系土的颗粒组成影响逐渐减小。

2.2.2 风化作用对煤系土界限含水率影响

土体的液限、液性指数以及塑限、塑性指数均为黏性土的重要物理指标,通常在实际应用中通过界限含水率判断土体类别。煤系土的颗粒组成尤其是黏粒含量在风化作用下产生了明显的变化,界限含水率与黏粒含量具有明显的相关性,因此有必要研究风化作用对煤系土界限含水率的影响。

根据规范要求,采用液塑限联合测定仪对煤系土界限含水率进行测定,见图 2-7。

 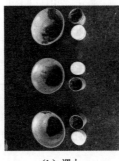 

（a）联合测试仪   （b）调土   （c）留样待烘干

图 2-7 液塑限测定

界限含水率试验数据处理过程中,按公路工程相应的规范标准[128],取质量为 76 g、锥角为 30° 的液限仪锥入土深度分别为 2 mm 和 17 mm 时对应的含水率为塑限和液限,试验结果见图 2-8。为合理判断不同风化程度煤系土的分类,

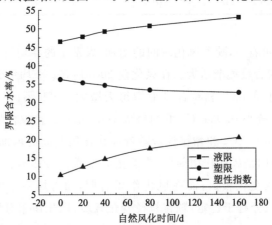

图 2-8 风化作用下煤系土界限含水率变化曲线

计算《公路土工试验规程》(JTG E40—2007)中塑性图中定义的 A 线指标 $0.73(w_L-20)$ 值,计算结果见表 2-5。

表 2-5　自然风化下煤系土界限含水率试验结果

风化时间/d	液限 w_L/%	塑限 w_p/%	塑性指数 I_p
0	46.5	36.21	10.29
20	47.8	35.3	12.5
40	49.2	34.6	14.6
80	50.7	33.3	17.4
160	53.0	32.6	20.4

由表 2-5 可知,风化 80 d 的煤系土液限 $w_L \geqslant 50\%$,风化小于 40 d 的煤系土液限 $w_L < 50\%$,采用线性插值计算,在风化 61 d 时(为方便使用,取 60 d),煤系土液限约等于 50%。不同风化时间的煤系土塑性指数 I_P 均小于 $0.73(w_L-20)$。结合颗粒分析和有机质试验结果,煤系土有机质含量大于 5%、粒径大于 0.075 mm 的颗粒含量均不超过总量的 50%。本书对不同风化时间的煤系土进行分类[127]:风化时间大于 60 d 时的煤系土为有机质高液限粉土,代号 MHO;风化时间小于 60 d 的煤系土为有机质低液限粉土,代号 MLO。

从图 2-8 可以发现,随风化程度的加深,煤系土的液限含水率逐渐增大,180 d 内增大量为 6.5%;煤系土塑限含水率逐渐减小,减小趋势不明显,180 d 内减小量仅为 3.61%;由塑性指数定义,与液限和塑限变化规律对应,煤系土塑性指数随着风化程度的加深而逐渐增大。

一般来讲,根据土膜理论,黏粒含量随着风化程度的加深逐渐增大,土颗粒的分散程度增大,又由于黏土颗粒亲水性较强,水膜较厚,水膜的持水量较多,从而会出现液限、塑限和塑性指数逐渐增大的现象[129]。然而,煤系土随着风化程度的加深,其塑限含水率却逐渐减小。分析其原因,是煤系土粉粒(粒径小于 0.075 mm 且大于 0.005 mm)含量较高(大于 50%)。受到粉粒的作用,煤系土的塑限存在"假塑性现象"[130],即因粉土颗粒不具有土膜理论中的吸附水膜,而是在非饱和状态下的三相界面存在毛细现象,当粉粒为主要成分时煤系土塑性的主要影响因素是粉粒骨架的毛细力,而不是黏粒的表面活性[131]。黏粒游离在粉粒骨架的空隙水中,对煤系土的塑性影响较小,但由于黏粒置换了空隙中的水,煤系土体中的含水率随着黏粒的增大而减小,从而出现煤系土的塑限含水率随着风化程度的加深而降低的现象。

2.3 煤系土风化过程敏感指标

随着风化时间的增加,煤系土风化程度逐渐加深,在煤系土风化过程中其各项物理性质指标不断发生着变化,而物理性质直接影响着力学性质。由于风化作用对不同指标的影响程度存在着差异,因此需要选取合理的物理性质指标描述煤系土风化过程。各指标对风化时间的敏感度可以反映风化过程对煤系土物理性质的影响程度,本书采用敏感性分析方法确定煤系土风化过程的敏感指标。

2.3.1 敏感性分析定义

敏感性分析常应用在经济学中,是一种对投资项目的不确定性的经济评估分析方法。推广到工程中,主要有两种应用方式:其一是对项目分析指标逐一测算其对多个不确定性因素的敏感性程度,若某因素值的小幅度变化能导致分析指标的较大变化,则称此因素为敏感性因素,反之则称其为非敏感性因素;其二是对多个项目分析指标分别测算其对一个敏感性因素的敏感性,若因素值的小幅度变化能导致某个分析指标的较大变化,则表明此分析指标对因素敏感,反之则表明不敏感[132-133]。

采用第二种分析方式,即设各物理力学指标 x_i 为分析指标,当煤系土风化时间 T 改变而其他因素不发生变化时,定义第 i 个分析指标 x_i 的变化率与影响因素 T 的变化率之比为 x_i 对 T 的敏感度 S_i,即

$$S_i = \frac{\Delta x_i / x_i}{\Delta T / T} \tag{2-1}$$

敏感性分析方法的步骤如下:

(1) 实际工程中煤系土一般在开挖暴露 1~2 个月后性质迅速劣化,因此取风化 40 d 煤系土的物理性质指标作为基准分析指标值,即设基准影响因素风化时间 $T = 40$ d。

(2) 根据上文的试验结果,取各风化时间对应的物理性质指标值,在风化时间变化而其他影响因素不变时,根据式(2-1)分别计算各物理性质指标对风化时间的敏感度。

(3) 根据各物理性质指标对风化时间的敏感度,判断各指标是否对风化时

间敏感。为便于分析,本研究规定当敏感度绝对值小于 10% 时,分析指标对风化时间不敏感;敏感度绝对值大于等于 10% 时,分析指标对风化时间敏感。

2.3.2 敏感性分析结果

通过上文煤系土物理性质的试验,不同风化时间的煤系土易于获取的物理性质指标可按试验内容分类如下:

(1) 颗粒组成分析相关指标:细颗粒含量 η_1(粒径小于 0.075 mm)、粉粒含量 η_2(粒径小于 0.075 mm 且大于 0.005 mm)、黏粒含量 η_3(粒径小于 0.005 mm)、不均匀系数 C_u 和曲率系数 C_c。

(2) 界限含水率相关指标:液限含水率 w_L、塑限含水率 w_P 和塑性指数 I_P。

则根据上文对不同风化时间煤系土物理力学性质的试验结果,代入式 (2-1) 可得敏感度,计算结果如表 2-6 所列。

表 2-6 煤系土物理性质指标敏感度计算结果

分析指标		风化时间/d				
		0	20	40	80	160
颗粒组成指标	η_1	4.26%	4.50%	—	3.55%	2.13%
	η_2	−4.63%	−8.49%	—	2.70%	1.22%
	η_3	15.77%	19.56%	—	8.20%	4.73%
	C_u	−37.43%	−37.68%	—	−9.47%	−7.26%
	C_c	−245.99%	−247.79%	—	−48.12%	−25.86%
界限含水率指标	w_L	5.49%	5.69%	—	3.05%	2.57%
	w_P	−4.65%	−4.05%	—	−3.76%	−1.93%
	I_P	29.52%	28.77%	—	19.18%	13.24%

对表 2-6 计算结果进行分析,可得到如下结论:

(1) 颗粒组成指标方面

① 在以风化 40 d 的煤系土颗粒组成指标为基准值时,细颗粒含量和粉粒含量对风化时间敏感度均较低,即风化时间变化 1%,细颗粒含量变化不足 5%,粉粒含量变化不足 10%。

② 黏粒含量和不均匀系数,当风化时间在 0~40 d 时,风化时间变化 1%,黏粒含量变化大于 15%,不均匀系数变化大于 37%;而在风化时间大于 40 d

后,二者敏感度分别不足 10％和 15％。这表明风化作用前期二者对风化时间较敏感,风化后期敏感度明显下降。

③ 在风化时间小于 40 d 时曲率系数的敏感度绝对值已接近 250％,即风化时间变化 1％,曲率系数变化 2.5 倍;而在风化时间大于 40 d 时,其敏感度绝对值迅速降低至不足 50％。这说明曲率系数对风化时间敏感。

由此可见细颗粒含量和粉粒含量对风化作用时间不敏感,不利于测度分析变化情况,而曲率系数又过于敏感,微小的风化时间变化将带来较明显的曲率系数变化,指标分析结果容易产生较大的误差,因此颗粒组成指标中可选用黏粒含量和不均匀系数作为煤系土风化过程的敏感指标。

(2) 界限含水率指标方面

① 煤系土液限含水率在 0～40 d 时敏感度略大于 5％,大于 40 d 时在 3％左右,敏感度较低;

② 煤系土塑限含水率敏感度均小于 5％,敏感度较低;

③ 在以风化 40 d 的煤系土塑性指数为基准值时,随着风化时间的增加,塑性指数敏感度逐渐降低,风化开始时接近 30％,160 d 时为 13.24％。

由此可见液限含水率和塑限含水率对风化时间不敏感,而塑性指数对风化时间敏感,因此可以选择塑性指数作为煤系土风化过程的敏感指标。

综合敏感性分析结果,以物理性质描述煤系土风化过程时,敏感指标选黏粒含量、不均匀系数和塑性指数。

2.3.3 敏感指标与风化时间的关系

根据不同风化时间煤系土的颗粒分析和界限含水率试验结果,可大致分析数据散点图的变化趋势,利用 Origin 作图软件,曲线拟合煤系土风化过程敏感指标与风化时间的关系式,并根据相关系数评价拟合程度。

采用指数形式对敏感指标与风化时间关系进行拟合,即

$$y = y_0 + A_0 e^{-T/t_0} \qquad (2\text{-}2)$$

式中,y 为因变量,在拟合关系中指敏感指标;T 为风化时间;A_0,y_0 和 t_0 为待定系数。

上述指数模型待定系数中 t_0 反映模型曲线的变化速率,模型存在以直线方程为 $y = y_0$ 的渐近线,即 y_0 为模型的临界值,考虑敏感指标在风化过程中的变化规律,则 y_0 表示煤系土完全风化时的敏感指标值,$y_0 + A_0$ 可以反映模型的初始值。因此在进行曲线拟合时,有必要根据煤系土自然风化过程中的真实物

理性质确定 y_0 的值,然后根据不同地区的煤系土风化过程敏感指标初始值确定 A_0 值。

煤系土完全风化状态尚没有明确的定义,当新建高速公路穿过山岭重丘地形时,山体的开挖容易揭露出煤系土,路堑边坡是其在工程应用中的主要存在形式,因此本书将路堑边坡滑坡时的表层煤系土视为完全风化状态煤系土。

在广东地区的广州至梧州高速公路第 5 标段、武深高速仁化至博罗公路TJ19 标段、梅州至平远高速公路快速干线项目第 2 标段、广乐高速公路 T23 标段和惠莞高速公路(惠州段)等 5 个高速公路项目中,我们收集并整理了 11 个煤系土边坡滑坡的工程实例资料,通过统计分析表层煤系土的物理性质指标,并结合本书对煤系土物理性质随风化时间变化规律的研究,确定自然风化过程敏感指标的临界值 y_0。本书取资料中表层土不均匀系数的最小值、黏粒含量的最大值和塑性指数的最大值为 3 个对应敏感指标的临界值,分别为 12.82、40.26% 和 23.41。

在 Origin 软件中进行曲线拟合时设置各指标的临界值为固定的 y_0 值,这种情况下虽然对拟合优度产生一定的影响,但更具有物理意义和实际应用价值。3 个敏感指标与风化时间的拟合关系曲线如图 2-9 所示。

从图 2-9 可知,采用指数形式的拟合公式(2-2)对敏感指标进行拟合,获得的不均匀系数与风化时间的关系式为:

$$C_u(T) = 12.82 + 16.48e^{-\frac{T}{92.45}} \tag{2-3}$$

黏粒含量与风化时间的关系式为:

$$\eta_3(T) = 40.26 - 13.38e^{-\frac{T}{110.72}} \tag{2-4}$$

塑性指数与风化时间的关系式为:

$$I_P(T) = 23.41 - 13.09e^{-\frac{T}{104.84}} \tag{2-5}$$

用 R^2 表示拟合曲线决定系数,R^2 的值变化区间为 $[0,1]$,越接近 1 表示拟合曲线优度越好,越接近 0 表示拟合曲线优度越差。不均匀系数与风化时间拟合曲线 $R^2 = 0.934\ 1$,黏粒含量与风化时间拟合曲线 $R^2 = 0.957\ 4$,塑性指数与风化时间关系拟合曲线 $R^2 = 0.998\ 7$,3 个值均较接近 1,表明敏感指标拟合曲线较为理想,即敏感指标与风化时间的指数形式关系式较为理想。

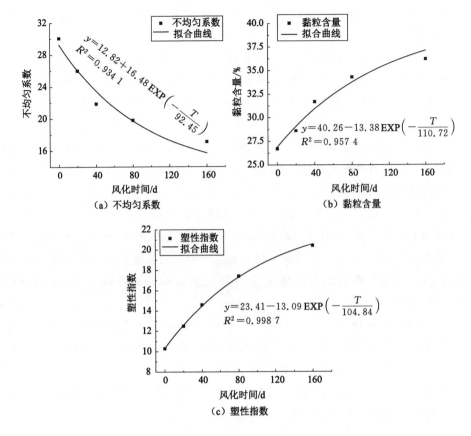

图 2-9　3 个敏感指标与风化时间拟合关系

2.4　小结

本章首先获取了煤系土原状土样和煤系土不同暴露时间后的土样,在元素和矿物质成分、微细结构以及物理性质指标的室内试验研究基础上,利用控制因素敏感性分析方法,确定反映煤系土在风化过程中的敏感指标。本章主要结论如下:

(1)煤系土暴露后发生化学风化作用,块状和粉状煤系土的化学蚀变指数 CIA 值分别为 32.15% 和 90.17%,表明粉状煤系土的风化程度远大于块状煤系土。块状和粉状煤系土掺杂在一起时 CIA 值为 56.42%,表明边坡开挖时煤系土的风化还未彻底;当暴露在空气中后,将继续发生风化。煤系土在边坡开挖暴露在空气中后,将迅速风化。随着风化时间的增加,成岩矿物含量降低,而黏土矿物的含量升高,风化程度加深,且风化速率将逐渐减小,各矿物成分含量趋于稳定。

（2）风化时间小于 20 d 时煤系土的级配良好,大于 40 d 后,级配不良,且级配不良的程度随风化时间的增加越来越高。随着风化时间的增加,煤系土的不均匀系数和曲率系数均逐渐减小,黏粒含量逐渐增大,三者变化速率均逐渐减小。

（3）风化时间大于 60 d 时的煤系土为有机质高液限粉土,风化时间小于 60 d 的煤系土为有机质低液限粉土。随风化程度的加深,煤系土的液限含水率和塑性指数逐渐增大,而受到粉粒的作用,煤系土的塑限存在"假塑性现象"。黏粒游离在粉粒骨架的空隙水中,对煤系土的塑性影响较小,但由于黏粒置换了空隙中的水,煤系土体中的含水率随着黏粒含量的增大而减小,从而出现煤系土的塑限含水率随着风化程度的加深而降低的现象。

（4）根据敏感性分析结果,细颗粒含量、粉粒含量、液限含水率和塑限含水率对风化作用时间不敏感,而曲率系数过于敏感,因此可选用黏粒含量、不均匀系数和塑性指数作为煤系土风化过程的敏感指标,敏感指标与风化时间的指数形式关系式较为理想。

3 模拟煤系土风化过程室内试验方法

煤系土暴露后的风化是一个相对漫长的过程,要制作自然条件作用的风化土样,耗时较长,不利于研究开展。为了缩短试验时间,本章借鉴加速应力试验原理,采用一种利用微波加热的仿真试验手段,并利用正交试验方法,建立了自然风化时间与仿真影响因素的对应关系表达式。主要研究内容如下:

(1)针对煤系土暴露风化特点,以及微波加热作用的特殊过程,借鉴加速应力试验原理,探讨采用微波加热手段仿真模拟煤系土风化过程的可行性,并建立相应的试验方法和试验步骤。

(2)以煤系土风化过程敏感指标为控制指标,以微波加热仿真指标和相关物理指标为影响因素,并根据每个影响因素变化范围确定等距离的因素水平。然后,利用正交试验方法,研究影响因素变化与控制指标变化的相关性和显著性。

(3)利用多元线性模型,建立控制指标与影响因素的回归方程,并对回归方程进行 R 检验、F 检验和 t 检验。在建立影响因素与煤系土风化时间关系式的基础上,利用不同暴露风化时间的煤系土 XRD 和物理性质试验数据对微波加热模拟煤系土风化作用的试验方法和回归方程进行验证。

3.1 微波加热仿真模拟煤系土风化过程的试验方法

煤系土自然风化是一个非常复杂的过程,直接借助自然条件研究风化作用下煤系土的物理力学性质的变化也将存在许多不可控的因素。因此本节将基于微波作用的原理和煤系土的基本性质,创建在室内微波模拟煤系土风化作用的试验方法。

3.1.1 煤系土暴露风化特点

自然界中岩土体受到的风化作用过程是一个非常复杂的过程,煤系土暴露在空气中后不仅发生颗粒破碎和形态崩溃,而且其矿物成分也发生改变,表明其主要发生化学风化作用。影响煤系土化学风化作用的因素很多,包括当地的气候、水文、植被等外营力因子,甚至人类和动物的活动等,都会对风化作用产生影响。且环境的温度越高,湿度越大,化学风化作用越强[134]。

根据地质勘查资料,煤系土未暴露在空气中之前为强风化岩体,但仍表现出较高的强度。然而煤系土开挖暴露后受到较为强烈的太阳光辐射作用,以及雨水和地下水的影响,处在一个温度和湿度均较高的环境,再结合其自身成分和结构不稳定的特点,容易发生化学风化作用。如我国广东省处于低纬度地区,为亚热带季风气候,夏季有着强烈的阳光辐射和雨水,因此夏季该地区煤系土的风化作用更加明显。

风化作用会导致岩土体矿物成分的变化,同时,不同的矿物成分组成反映了岩土体不同的风化程度。常温常压下岩土体的风化速率相对缓慢,而高温作用能够快速改变岩石矿物的分子结构,生成更稳定的黏土矿物。因此,可以寻求一种合理的加热手段,制造高温高湿的环境,模拟煤系土暴露后的风化作用。

3.1.2 微波作用原理

3.1.2.1 微波的特点与应用

微波是电磁波的一种,其频率为 $3 \times 10^2 \sim 3 \times 10^5$ MHz,最常用的微波设备发射频率有 915 MHz 和 2 450 MHz 两种,其中 2 450 MHz 频率微波的性能近似太阳光性质,波速与光速相同,都为 3×10^8 m/s,波长为 12.24 cm,振荡频率为每秒 24.5 亿次。具体来说,微波具有以下特性[135]:

(1) 直线性:与可见光一样,沿直线传播。

(2) 反射性:无法穿透金属,遇到金属将发生反射现象。

(3) 穿透性:可以穿透某些物体,如陶瓷、玻璃等,这些物体不吸收微波。

(4) 吸收性:容易被某些极性物质(如含有水分的物质)吸收而转变成热能。

(5) 辐射性:微波频率高,辐射效应明显。

基于以上特性,目前微波技术已被广泛应用于环境、生物、医药、食品、地质和化工等领域,在借助微波对材料处理和制样方面,如微波萃取[136-137]、消解[138]、干燥[139]和破碎[140]等技术,国内外许多学者和技术人员也已经开展了深入的研究,并得到了广泛应用。

(1)在微波萃取土壤中的有机成分研究方面,Silgoner 等[141]在土壤有一定湿度的情况下,采用微波萃取方法仅用 3 min 就获取了一定的农药残留回收率,而常规萃取方法需 6 h;Llompart 等[142]利用微波技术萃取土壤中的酚和甲基酚异构体,有效地简化了操作步骤,缩短了萃取过程;吴瞻英等在微波功率1 200 W、萃取温度 115 ℃的条件下,仅用 20 min 就完成了对土壤中多氯联苯的萃取。

(2)在微波消解技术研究方面,微波能够以较少的酸用量快速完成物质的消解,且能提高试验精度。微波首次应用于地质样品的消解是 1985 年 Smith等[143]完成的,这一尝试极大地加速了地质样品的消解速度。童长青等[144]利用微波的消解技术,仅用时 8 min 就测定了高岭土的化学成分,证明了微波消解法较传统方法具有简便、快捷、可靠的优点。

(3)在微波干燥研究方面,学者们对食品[145]、岩石[146]等材料成功完成了干燥作业,冯磊等[147]在分析微波干燥焦煤特性的基础上,对其动力学特性进行了研究,并得到有益的结论。王瑞芳等[148]针对微波干燥存在加热不均匀的问题,提出了改进微波加热均匀性的措施,并分析了微波干燥发展趋势。

(4)在微波破碎和材料劣化方面,戴俊等[149-151]分别研究了微波照射下岩石、钢纤维混凝土的强度劣化规律,结果表明微波功率越大、照射时间越长,材料的强度衰减越明显,且随着时间的增加,衰减速率逐渐减缓。这个结论与曹东[152]在分析微波破碎岩石和混凝土时材料的抗拉强度弱化规律一致。

(5)在微波催化化学反应方面,马双忱等[153]分析了微波诱导催化的特点,并对微波催化技术在环境处理中的应用进行了展望;王喜照等[154]采用脉冲微波辅助化学还原制备了电池催化剂,并对微波功率和时间对催化剂性能的影响进行了研究;吕敏春等[155]对水污染中光、微波、热催化氧化效果进行了比较分析,结果表明微波催化效果明显优于其他两种处理方法。

可以发现,目前关于微波的应用多是以微波加热的功能为基础提出的[156-158]。微波加热与常规加热方式相比具有其独特的优势:常规加热是外部热源通过传导、对流和热辐射的方式,对材料由表及里地传递热量进行加热;微波加热是在电磁场的作用下介质材料中的分子形成偶极子或已有偶极子的重新排列,并随着高频交变电磁场以每秒数亿次甚至更高的频率摆动,这个过程中分子克服原有的热运动和分子间作用力,产生类似摩擦作用引起内加热,从而将微波电磁能转变成热能[159]。微波的内加热方式具有加热速度快、加热均匀、无温度梯度、无滞后效应等特点,而且其加热速率比常规加热快 10～100 倍[160]。微波加热升温速度受微波辐射频率和介质的介电常数影响较大,可用式(3-1)进行估算[161]。

$$升温速度 = \frac{8 \times 10^{-12} f E^2 \xi \tan \delta}{\rho c_{\rm b}} \tag{3-1}$$

式中,f 为微波频率,Hz;E 为电场强度,V/m;ξ 为介电常数;δ 为介电损耗角,(°);ρ 为样品密度,kg/m³;$c_{\rm b}$ 为比热容,J/(g·℃)。

上述的微波特性和应用表明微波具有良好且快速的加热功能,且在微波的作用下,混凝土、岩石等材料会出现强度衰减的现象,同时能够明显地提高萃取、消解和氧化等反应的速率,缩短反应时间。因此借鉴加速应力原理,利用微波的似光性和均匀性加热特点,通过选择合理的微波设备,可以快速加热煤系土,营造高温高湿环境,催化加速煤系土矿物成分的氧化,仿真模拟煤系土暴露后的风化作用。

3.1.2.2 微波加热仿真模拟煤系土风化过程原理

化学风化作用过程中一般同时发生着物理风化作用,即煤系土不仅矿物成分发生改变,土体颗粒亦产生破碎。因此模拟煤系土风化作用的试验方法,需能够产生颗粒破碎现象,而微波作用可以从以下 4 个方面实现这种现象。

(1) 土体是由矿物晶体组成的,在微波的作用下煤系土内矿物晶体会因温度升高而产生膨胀,晶体膨胀过程对周围产生一定压力,从而促使裂纹的产生,进一步出现土体的崩解以及颗粒的破碎。

(2) 开挖暴露尚未风化的原状煤系土呈现为块状,大小不同,且这些颗粒的矿物成分也存在着差异。由于矿物成分的不同带来土颗粒介电特性的不同,不同的矿物成分吸收的微波能不同,因此在微波场的作用下,转化成的热能也就存在着差异。而且微波场存在"棱角效应",即物体边角处温度升高较快,从而表现为不同颗粒、不同位置的温度及升温速度的不同。当温度差达到一定程度时,煤系土内部将产生一定的热应力。根据格里菲斯强度理论[162-163],即具有张开型裂纹的岩土体强度受裂纹尖端附近集中后的应力大小控制的张性破裂强度准则,由于煤系土块体和颗粒这种固体材料必然存在裂缝,当裂纹尖端的热应力集中并达到其抗拉强度时,将引起裂缝的扩展,并导致裂缝贯通,从而造成块体的崩解和颗粒的破碎。

(3) 土体内不可避免地存在水分,土体受到微波作用后内部的液态水蒸发成气态水,在土体内部产生一定的压力,当快速升温时液态水迅速汽化且无法立即从孔隙通道排除,造成土体内部气压增大,也会导致原裂隙的扩展及新裂隙的形成,最终呈现土体和颗粒的崩解破碎。

(4) 由上文分析可知,前人已经证明高温高湿环境将促进成岩矿物向黏土矿物的转化,而微波作用给煤系土营造的高温高湿环境,为煤系土的风化演变创造了条件。一般情况下,成岩矿物的粒径较黏土矿物粒径大。因此,当微波加热促进煤系土内矿物成分发生转化时,不可避免地会出现颗粒破碎现象。

综合以上分析,微波特殊的加热性能可以实现煤系土在矿物成分转化的同时伴随着土颗粒的破碎,即化学风化作用伴随着物理风化作用,使微波加热仿真模拟煤系土风化作用成为可能。

3.1.3 试验仪器

为实现微波模拟煤系土风化作用,需要提供稳定和长时间输出功率的微波能发生器。此外,为营造高温高湿环境,需要具有一定耐高温能力的试验舱室。为了保证试验过程的实时控制,可配备远程监控系统。

3.1.3.1 微波能发生器

一般家用微波炉功率为 $700 \sim 800$ W,无法满足试验要求,因此选择在南京三乐微波技术发展有限公司进行微波试验。该公司掌握大功率连续波磁控管、大功率微波能发生器、应用腔体仿真设计、微波防泄漏、系统集成等技术,能够提供匹配本试验目的的微波发生器和试验炉。

通过比选多种微波发生设备,选择型号为 WY20L-04 型微波能发生器进行试验,其主要功能是可以产生大功率微波能,具有完善的保护系统和极高的转换效率。该设备的磁控管为大功率单管,主要特点是微波功率大且在大范围内连续可调,输出微波能量大,可长时间不间断工作,全自动控制,可靠性高。该设备主要技术参数如表 3-1 所列。

表 3-1 微波能发生器技术参数

工作电压/V	频率/MHz	功率/kW	尺寸(长×宽×高)/mm	微波泄漏/(mW/cm^2)	冷却方式
380	2 450	$0 \sim 20$	$810 \times 600 \times 1\,650$	<3	水冷

3.1.3.2 试验炉

预试验结果表明,微波作用煤系土的温度最大不会超过 $1\,000$ ℃,因此微波催化作用煤系土的试验过程选择在可承受最高温度为 $1\,500$ ℃的中温隔氧试验炉中进行。该设备由于特殊的炉体结构,能有效保证温度良好的均衡性。微波试验仪器如图 3-1 所示。

中温隔氧试验炉   微波能发生器

图 3-1　微波能发生器和中温隔氧试验炉

中温隔氧试验炉具有与外界相连的通气管,根据需要可控制阀门实现炉内气体与外界空气连通或隔绝,亦可以通过通气管输入氮气,使试样隔绝空气中的氧气。本试验中为模拟自然风化过程中材料的氧化,未进行隔氧处理。

3.1.3.3　远程监控系统

控制系统为三乐微波设备厂自行研发的微波工艺研究中温控制系统,以实现试验过程的实时控制。远程控制界面如图 3-2 所示。试验过程中可通过该系统人为对微波功率进行实时微调干预;炉内有红外温度传感器,接触或非接触均可量测温度,从而获取试验过程中的物料表面或内部温度,并实现实时记录及高温预警。控制系统与微波试验炉分别处于不同房间并对试验炉舱室进行实时视频监控,保证了试验过程中人员的安全。

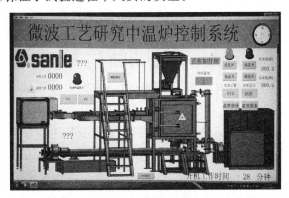

图 3-2　远程控制界面

3.1.3.4 试验器皿

为防止土体污染,需选择合理的试验容器。由微波的特性可知,微波场可穿透陶瓷,作用过程中陶瓷不会发热,因此选用直径 30 cm、高 15 cm 的圆柱形陶瓷锅进行试验,陶瓷锅壁厚 15 mm,并配有中间开孔的锅盖,开孔直径 3 cm,以便于插入温度传感器。

3.1.3.5 其他仪器

试验过程中还需要的材料有石棉、圆形钢板等。

试验过程中还需要的仪器有量筒、天平、手持式红外温度计、轻型击实仪等。

3.1.4 试验步骤

微波模拟煤系土风化作用试验的主要步骤有制样、装样、微波作用和数据采集等。

3.1.4.1 制样

取未风化扰动煤系土,测定其天然含水率 w_0、天然密度 ρ_0 等基本物理性质。为便于试验使用,将未风化煤系土较大土块用木槌击碎,取土块直径不超过 2 cm 的煤系土置于阴凉处自然风干。

将煤系土样在温度控制在 $65\sim70$ ℃的烘箱中烘干 48 h 以上,测定风干土样含水率 w。根据试验规程[128]计算加水量,并在加水后拌和、静置,装入玻璃缸内密封,使土样内水分均匀。

3.1.4.2 装样

由式(3-1)可知,试样密度直接影响微波作用升温速度,密度越大,升温速度越慢。为减少试验变量和加快试验反应速率,考虑土块间存在较大的空隙,陶瓷锅内不便于击实,因此设定微波前土样密度 ρ 为天然密度。本书 2.2 节试验结果表明,煤系土天然密度为 1.82 g/cm^3,为便于分析,控制试验土样密度 $\rho = 1.80$ g/cm^3。

称取 m(kg)制备的含水率 w 的煤系土,置于直径为 D 的陶瓷锅内,轻微抖动圆形陶瓷锅使土样均匀分布,然后将直径 5 cm、厚度 4 mm 的圆形钢板放在煤系土表面,用 2.5 kg 轻型击锤从 30.5 cm 高度击打钢板中心位置。每个位置击打一下后,移动钢板并与上一击打位置搭接 20%,重复击打和移动钢板,直至陶瓷锅内煤系土达到设计高度 h_s。h_s 按式(3-2)计算:

$$h_s = \frac{1\,000 \times m/\rho}{\pi D^2/4} = \frac{1\,000 \times m/1.80}{\pi \times 30^2/4} = 0.79m\,(\text{cm}) \tag{3-2}$$

3.1.4.3 微波作用

将装有煤系土的陶瓷锅放入中温试验炉内,为防止陶瓷锅炸裂和对土样保温,试验过程中将 5 cm 厚石棉垫在陶瓷锅底,并用石棉包裹锅身,见图 3-3。然后打开通气管,盖上锅盖,从锅盖开口处插入温度传感器,关闭中温试验炉舱门。最后在远程控制界面设置功率 P 和时间 t 进行试验,并监控土样中心的温度变化。

图 3-3　陶瓷锅包裹石棉

3.1.4.4 数据采集

试验后的土体最高温度和土体质量损失率(土体颗粒质量损失与试验前土颗粒质量之比),均能间接反映微波作用下煤系土内矿物成分转化的程度,因此有必要采集试验后煤系土的最高温度和质量损失数据。

微波能发生器在工作到设定时间后自动停止工作,打开试验炉舱门,戴上隔温手套取出陶瓷锅,打开锅盖,用手持式红外温度计并以铁铲辅助,测量锅内表面及内部不同位置煤系土的温度,如图 3-4 所示。取温度最高值 T_{tem} 并记录。

待自然冷却至室温后倒出煤系土,进行称重,试验前后质量差去除试验前后水分质量差为土体质量损失。可按式(3-3)和式(3-4)分别计算土体质量损失和损失率。

$$\Delta m = m - m' - m_w = m - m' - \left(\frac{mw}{1+w} - \frac{m'w'}{1+w'} \right) \tag{3-3}$$

图 3-4　试验后温度测量

$$\zeta = \frac{\Delta m (1 + w)}{m} \times 100\% \tag{3-4}$$

式中，Δm 为土体质量损失，ζ 为质量损失率，m 为试验前质量，m' 为试验后质量，m_w 为试验前后水分质量差，w 为试验前含水率，w' 为试验后含水率（试验后煤系土温度大于 120 ℃，此时含水率为 0）。

将试验后土体装入密封塑料盒内，以备后续试验使用。

3.2　仿真模拟影响因素的正交试验研究

为探究微波作用与自然风化作用下煤系土的物理力学性质关系，从而获取室内模拟风化影响因素与自然风化时间的关系式，需要通过开展不同影响因素的组合试验。若对所有影响因素开展全面试验，虽然可以获得更为详细和全面的试验数据，但是需要设计大量的试验，会造成时间和经济的损失以及分析的不便[164]。目前最为科学合理的方法就是运用正交试验设计方法，在分析确定影响因素和控制变量的基础上，利用规格化的正交表进行试验设计[165]，以具有代表性的最少试验次数代替全面试验，分析各影响因素的主次顺序，并建立模拟试验影响因素与自然风化过程敏感指标的关系。

3.2.1　多指标正交试验设计

微波模拟煤系土风化作用的主要影响因素为土样含水率 w、微波作用功率 P、微波作用时间 t 和土样质量 m。根据第 2 章敏感性分析结果，煤系土自然风化过程可用黏粒含量 η_3、不均匀系数 C_u 和塑性指数 I_P 进行描述,可以取自然风化过程敏感指标作为微波作用煤系土的控制变量。因此,可采用多指标正交试验设计方法,分析各控制变量与微波模拟煤系土风化主要影响因素的关系,并建立关系式。

3.2.1.1　试验因素水平

微波作用功率 P、微波作用时间 t、土样质量 m 和土样含水率 w 为试验因素,即 4 个试验因素,编号分别为 A、B、C 和 D;每个试验因素根据变化范围取 4 个等距离因素水平,分别用下标 1、2、3 和 4 表示。

(1) 微波作用功率

WY20L-04 型微波能发生器功率在 0~20 kW 连续可调,功率较小时反应速率缓慢,而功率较大时加热和反应速率较快,过程不易观察,且不利于安全试验,因此微波作用试验功率取值为 3 kW、4 kW、5 kW、6 kW。

(2) 微波作用时间

土样的温度在试验过程中不易掌握,因此选择微波作用时间作为控制因素。采用工作功率为 700 W 的家用微波炉和设定 3 kW 的 WY20L-04 型微波能发生器作用对原状煤系土进行了预试验,在 700 W 微波能作用 30 min 后煤系土温度仅达到 93 ℃,而在 3 kW 微波能作用 30 min 后温度可达到 176 ℃,随着微波作用时间增加土样温度逐渐增大,但是增加速度越来越平缓。根据分析,微波作用 1 h 内基本可以使煤系土达到矿物成分发生转化的温度,因此本试验微波作用时间取值为 20 min、30 min、40 min、50 min。

(3) 含水率

在微波作用下,土体中的水分会对微波作用效果与催化作用速率产生影响,综合考虑不同风化时间煤系土的界限含水率和天然含水率试验结果,试验中含水率的取值为 15%、20%、25%、30%。

(4) 试样质量

煤系土微波作用后续试验对煤系土的需求量至少为 2 kg,因此正交试验设计中取试样质量为 2 kg、3 kg、4 kg、5 kg,则陶瓷锅内土样厚度分别为 15.7 mm、23.6 mm、31.4 mm、39.3 mm。

3.2.1.2　试验设计

本试验是四因素四水平正交试验,为简化试验,忽略影响因素间的交互作用。根据正交试验原理,本次试验设计需确定最少试验次数。

根据试验总的自由度需不小于影响因素及其交互作用自由度原则,即

$$\mathrm{d}f_T \geqslant \mathrm{d}f_A + \mathrm{d}f_B + \mathrm{d}f_C + \mathrm{d}f_D \tag{3-5}$$

式中,$\mathrm{d}f_T$ 为总自由度;$\mathrm{d}f_A$、$\mathrm{d}f_B$、$\mathrm{d}f_C$、$\mathrm{d}f_D$ 为影响因素自由度。计算公式为:

$$\mathrm{d}f_j = p - 1 \tag{3-6}$$

$$\mathrm{d}f_T = N - 1 \tag{3-7}$$

将具体数值代入式(3-5)~式(3-7),求得试验总次数 $N \geqslant 12$。考虑没有四因素四水平正交表,因此采用五因素四水平规格化的正交表 $L_{16}(4^5)$ 确定具体的试验次数和试验工况,空白列可作分析试验误差使用。正交试验设计见表3-2。

表 3-2　正交试验设计表

编号	A	B	C	D	编号	A	B	C	D
1	A_1	B_1	C_1	D_1	9	A_3	B_1	C_3	D_4
2	A_1	B_2	C_2	D_2	10	A_3	B_2	C_4	D_3
3	A_1	B_3	C_3	D_3	11	A_3	B_3	C_1	D_2
4	A_1	B_4	C_4	D_4	12	A_3	B_4	C_2	D_1
5	A_2	B_1	C_2	D_3	13	A_4	B_1	C_4	D_2
6	A_2	B_2	C_1	D_4	14	A_4	B_2	C_3	D_1
7	A_2	B_3	C_4	D_1	15	A_4	B_3	C_2	D_4
8	A_2	B_4	C_3	D_2	16	A_4	B_4	C_1	D_3

3.2.2　试验结果分析

根据正交试验设计的微波模拟煤系土风化试验工况开展试验,并记录试验后土样最高温度和质量损失,然后在阴凉处静置、自然冷却。对获取的作用后土样按第2章相关试验操作流程进行颗粒分析试验和界限含水率试验,试验工况各影响因素取值和试验结果参见表3-3。其中,试验后仅第1组和第5组试验工况煤系土最高温度小于120 ℃,对这两组试验后土体进行含水率测定试验,结果分别为4.21%和2.73%。其余各组均取试验后含水率为0,然后根据式(3-3)和式(3-4)计算各组试验煤系土质量损失和损失率。

从温度变化情况来看,微波作用后温度最大可达到457.2 ℃(第16组),最小仅103.6 ℃(第1组),与敏感指标的变化基本一致,间接表明微波对煤系土

的催化作用是通过加热实现的。试验后煤系土内部最高温度总体来说大于表面温度 30～80 ℃。这是由于表面土样与大气接触，土体内水分的挥发将带走表面热量，故土样的表面温度低于内部温度。

表 3-3　正交试验结果汇总表

编号	P/kW	t/min	$w/\%$	m/kg	$T_{tem}/℃$	$\zeta/\%$	C_u	$\eta_3/\%$	I_P
1	3	20	15	2	103.6	0.50	28.4	28.4	11.2
2	3	30	20	3	140.2	0.62	26.5	29.3	13.9
3	3	40	25	4	157.0	0.97	24.4	30.7	14.2
4	3	50	30	5	169.4	1.05	22.9	31.0	13.8
5	4	20	20	4	114.5	0.60	27.6	28.7	11.7
6	4	30	15	5	149.8	0.91	25.1	30.0	14.4
7	4	40	30	2	205.4	1.22	21.3	31.6	16.1
8	4	50	25	3	234.7	1.35	19.2	33.9	17.0
9	5	20	25	5	138.6	0.71	26.9	29.2	13.3
10	5	30	30	4	148.5	0.81	24.8	29.6	15.2
11	5	40	15	3	264.3	1.58	17.9	36.1	18.5
12	5	50	20	2	305.7	1.89	15.7	37.1	19.3
13	6	20	30	3	187.1	1.16	24.7	31.4	14.7
14	6	30	25	2	281.4	2.02	17.7	35.3	18.8
15	6	40	20	5	376.9	2.23	15.8	37.1	19.6
16	6	50	15	4	457.2	2.46	14.2	40.1	22.0

注：T_{tem} 为最高温度。

从质量损失情况来看，最大质量损失率达到 2.46%（第 16 组），最小质量损失率为 0.50%（第 1 组）。土样中存在砾状石英石，同时含有一定量的有机质，故质量损失情况存在一定波动，但总体来说对应温度越大，质量损失也越多。另外矿物成分转化过程中，部分反应会产生水或气体，造成土体质量的损失。

3.2.3　极差分析

正交试验结果分析中，由极差分析可以直观地得到各因素影响作用的主次顺序，而由各因素水平与控制变量的关系图可以看出因素指标随因素水平的变化规律。

设不均匀系数、黏粒含量和塑性指数分别为 y_a、y_b 和 y_c，试验分析指标 $k_{jm}^{(y_a)}$、$k_{jm}^{(y_b)}$ 和 $k_{jm}^{(y_c)}$ 分别为指标 C_u、η_3 和 I_P 的第 j 个因素、第 m 个水平所对应的控制变量试验结果平均值。

设 $R_j^{(y_a)}$、$R_j^{(y_b)}$ 和 $R_j^{(y_c)}$ 为对应敏感指标极差，即

$$R_j = \max(k_{jm}) - \min(k_{jm}) \tag{3-8}$$

则各控制变量的 k_{jm} 和 R_j 值结果见表 3-4～表 3-6。

表 3-4　不均匀系数极差分析表

分析指标	A 微波作用功率/kW	B 微波作用时间/min	C 含水率/%	D 试样质量/kg
$k_{j1}^{(y_a)}$	25.55	26.90	21.40	20.78
$k_{j2}^{(y_a)}$	23.30	23.53	21.40	22.08
$k_{j3}^{(y_a)}$	21.33	19.85	22.05	22.75
$k_{j4}^{(y_a)}$	18.10	18.00	23.43	22.68
$R_j^{(y_a)}$	7.45	8.90	2.03	1.98

表 3-5　黏粒含量极差分析表

分析指标	A 微波作用功率/kW	B 微波作用时间/min	C 含水率/%	D 试样质量/kg
$k_{j1}^{(y_b)}$	29.84	29.42	33.63	33.09
$k_{j2}^{(y_b)}$	31.05	31.05	33.06	32.67
$k_{j3}^{(y_b)}$	33.00	33.88	32.25	32.27
$k_{j4}^{(y_b)}$	35.97	35.52	30.92	31.83
$R_j^{(y_b)}$	6.13	6.09	2.70	1.27

表 3-6　塑性指数极差分析表

分析指标	A 微波作用功率/kW	B 微波作用时间/min	C 含水率/%	D 试样质量/kg
$k_{j1}^{(y_c)}$	13.28	12.73	16.53	16.35
$k_{j2}^{(y_c)}$	14.80	15.58	16.13	16.03
$k_{j3}^{(y_c)}$	16.58	17.10	15.83	15.78
$k_{j4}^{(y_c)}$	18.78	18.03	14.95	15.28
$R_j^{(y_c)}$	5.50	5.30	1.58	1.08

根据试验分析指标 $k_{jm}^{(y_a)}$、$k_{jm}^{(y_b)}$ 和 $k_{jm}^{(y_c)}$ 的计算结果,以因素水平为横坐标,试验指标 k_{jm} 为纵坐标,作出因素水平与指标的关系图,如图 3-5~图 3-7 所示。

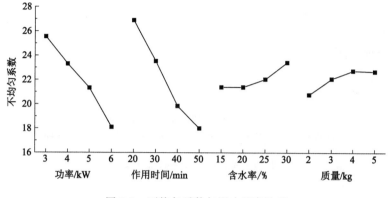

图 3-5　不均匀系数与影响因素关系

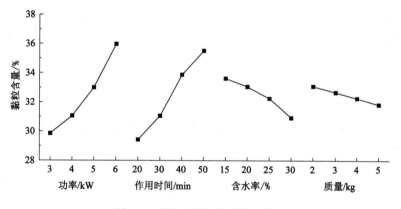

图 3-6　黏粒含量与影响因素关系

极差分析表中,分析指标 k_{jm} 值反映了影响因素在 4 个水平下的均值[166]。均值的极差越大表示该影响因素对控制变量的影响越大,则由极差分析计算结果可知:

不同影响因素的不均匀系数极差关系: $R_{\mathrm{B}}^{(y_a)} > R_{\mathrm{A}}^{(y_a)} > R_{\mathrm{C}}^{(y_a)} > R_{\mathrm{D}}^{(y_a)}$。

不同影响因素的黏粒含量极差关系: $R_{\mathrm{A}}^{(y_b)} > R_{\mathrm{B}}^{(y_b)} > R_{\mathrm{C}}^{(y_b)} > R_{\mathrm{D}}^{(y_b)}$。

不同影响因素的塑性指数极差关系: $R_{\mathrm{A}}^{(y_c)} > R_{\mathrm{B}}^{(y_c)} > R_{\mathrm{C}}^{(y_c)} > R_{\mathrm{D}}^{(y_c)}$。

对不均匀系数,微波作用时间影响最大,微波作用功率次之;对黏粒含量和塑性指数,微波作用功率影响最大,微波作用时间次之;对 3 个控制变量的影响

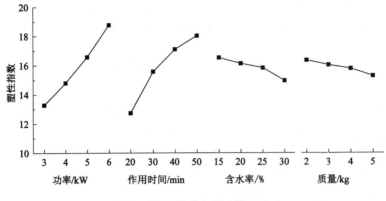

图 3-7　塑性指数与影响因素关系

含水率和质量均分列第三、四位。

从数值上可以发现,微波作用时间和作用功率影响下各控制变量的极差较为接近,土样质量和含水率影响下各控制变量的极差也较为接近,可以判断功率和时间是微波作用煤系土的主要影响因素,土样质量和含水率是次要影响因素。

从图 3-5~图 3-7 中可以看出:

(1) 3 个控制变量的极差计算结果与影响因素的关系共同点是:在微波作用功率和微波作用时间取值范围内迅速变化,而在煤系土样含水率和质量取值范围内变化缓慢。

(2) 不均匀系数随微波作用功率和微波作用时间的增大逐渐减小,同时随煤系土样含水率和质量的增大而逐渐增大;黏粒含量和塑性指数随微波作用功率和微波作用时间的增大逐渐增大,同时随煤系土样含水率和质量的增大而逐渐减小。这说明不均匀系数与微波作用功率和微波作用时间呈负相关的关系、与煤系土样含水率和质量呈正相关的关系,而黏粒含量和塑性指数与微波作用功率和微波作用时间呈正相关的关系、与煤系土样含水率和质量呈负相关的关系。结合 2.3 节对不同风化过程敏感指标的变化规律分析,这种情况可以理解为微波功率和作用时间作为客观作用条件,能够有效地促进煤系土的风化,而土样含水率和质量作为土体主观因素影响着客观条件的作用效果。

3.2.4　方差分析

极差分析是一种直观的分析方法,判断极差分析是否合理,可通过方差分析从理论上进行验证。控制变量在不同影响因素条件下进行试验,其结果发生着变化,这种变化一方面是由试验的系统误差带来的,而另一方面是由因素水平的变化引起的。通过方差分析可以检验某一因素水平的变化是否对控制变量的变化带来显著影响[167],即如果因素水平的变化给控制变量带来的变化在误差范围内,则表明该因素对控制变量没有显著影响,反之则具有显著影响。根据本次正交试验设计,方差分析的步骤如下:

(1)计算平方和

计算公式如下:

$$\overline{y} = \frac{1}{N} \sum_{i=1}^{N} y_i \tag{3-9}$$

$$SS_T = \sum_{i=1}^{N} (y_i - \overline{y})^2 \tag{3-10}$$

$$SS_j = n_{jm} \sum_{m=1}^{p} (k_{jm} - \overline{y})^2 \tag{3-11}$$

$$SS_E = SS_T - \sum_{j=1}^{q} SS_j \tag{3-12}$$

式中,SS_T 为总平方和;SS_j 为各因素平方和;SS_E 误差平方和;$\overline{y}$ 为 N 次试验控制变量平均值;i 为试验序号;y_i 为第 i 组试验控制变量值;n_{jm} 为第 j 个因素第 m 个水平试验次数,本次试验各因素水平的试验次数均为 4 次,即 $n_{jm}=4$;q 和 p 分别为因素数量和水平数量。

(2)计算自由度

总自由度和各因素自由度按式(3-6)和式(3-7)计算,误差自由度按式(3-13)计算:

$$df_E = N - 1 - \sum_{j=1}^{q} df_j \tag{3-13}$$

(3)计算均方差

计算公式如下:

$$MS_j = \frac{SS_j}{df_j} \tag{3-14}$$

$$MS_E = \frac{SS_E}{df_E} \tag{3-15}$$

式中,MS_j 为各因素均方差;MS_E 为误差均方差。

(4)显著性检验

各因素对控制变量是否有显著的影响,采用 F 检验法进行判断。

构造各因素 F 检验统计量

$$F_j = \frac{MS_j}{MS_E} \tag{3-16}$$

通过查 F 分布表,比较 $F_\alpha(\mathrm{d}f_j, \mathrm{d}f_E)$ 临界值与 F_j 值的大小,判断第 j 个因素对控制变量影响的显著性。根据显著性水平 α 的取值,本书规定各因素对控制变量影响的显著性按表 3-7 进行判断[168]。

表 3-7　显著性判断标准

数值比较	显著程度	标记
$F_j \geqslant F_{0.01}$	高度显著	＊＊＊
$F_{0.01} > F_j \geqslant F_{0.05}$	显著	＊＊
$F_{0.05} > F_j \geqslant F_{0.1}$	有一定影响	＊
$F_j < F_{0.1}$	影响微小	(无标记)

根据以上步骤,分别计算各影响因素对不均匀系数、黏粒含量和塑性指数影响的方差,结果见表 3-8～表 3-10。

表 3-8　不均匀系数方差分析表

方差来源	自由度	平方和	均方差	F	F_α
A 功率	3	119.76	39.92	61.67＊＊＊	方差分析设计 F 分布临界值
B 时间	3	187.76	62.59	96.68＊＊＊	
C 含水率	3	10.94	3.65	5.63＊	$F_{0.01}(3,3) = 29.46$
D 质量	3	10.02	3.34	5.16	$F_{0.05}(3,3) = 9.28$
误差	3	1.94	0.65		$F_{0.1}(3,3) = 5.39$
总和	15	330.42			

从方差分析可知,微波作用时间和作用功率对 3 个敏感指标的影响程度均为"高度显著";含水率对不均匀系数、黏粒含量和塑性指数的影响程度依次为"有一定影响"、"显著"和"影响微小";土样质量对不均匀系数和塑性指数的影响程度为"影响微小",对黏粒含量的影响程度为"有一定影响"。

表 3-9 黏粒含量方差分析表

方差来源	自由度	平方和	均方差	F	F_α
A 功率	3	85.76	28.59	138.77***	方差分析设计 F 分布临界值 $F_{0.01}(3,3)=29.46$ $F_{0.05}(3,3)=9.28$ $F_{0.1}(3,3)=5.39$
B 时间	3	90.26	30.09	146.04***	
C 含水率	3	16.49	5.50	26.68**	
D 质量	3	3.54	1.18	5.73*	
误差	3	0.62	0.21		
总和	15	196.67			

表 3-10 塑性指数方差分析表

方差来源	自由度	平方和	均方差	F	F_α
A 功率	3	67.26	22.42	56.42***	方差分析设计 F 分布临界值 $F_{0.01}(3,3)=29.46$ $F_{0.05}(3,3)=9.28$ $F_{0.1}(3,3)=5.39$
B 时间	3	64.54	21.51	54.14***	
C 含水率	3	5.37	1.79	4.50	
D 质量	3	2.47	0.82	2.07	
误差	3	1.19	0.40		
总和	15	140.83			

相较于极差分析,方差分析不仅可以给出 4 个影响因素对敏感指标影响程度的主次顺序,而且可以定量看出主次顺序的差距。可以看出,除对黏粒含量的影响程度中功率与时间的顺序不同外,其他主次顺序基本与极差分析结果一致。用">"表示各影响因素对敏感指标影响程度的主次顺序,用"≥"表示主次顺序接近,则:

对不均匀系数影响程度主次顺序:时间>功率>含水率≥质量。

对黏粒含量影响程度主次顺序:时间≥功率>含水率>质量。

对塑性指数影响程度主次顺序:功率≥时间>含水率≥质量。

3.3 风化过程敏感指标与仿真模拟影响因素的关系

正交试验结果的极差分析和方差分析可以判断各影响因素对敏感指标影响程度的显著性,但如果需要通过影响因素的取值预测各敏感指标,则可进一步根据试验结果建立各影响因素与敏感指标的回归方程。本节通过假定敏感指标与影响因素的回归关系模型，分别建立敏感指标与影响因素的关系式，并采用 R 检验、F 检验和 t 检验评价回归方程，最后结合敏感指标与自然风化时间的关系，建立自然风化时间与仿真影响因素的关系式。

3.3.1 回归方程

本试验中 4 个影响因素和敏感指标均为连续变量，观察敏感指标与影响因素的关系图，发现它们之间是线性关系，因此可以用回归模型来建模。假定本书建立的回归方程满足多元一次回归模型，设不均匀系数、黏粒含量和塑性指数分别为 y_1、y_2 和 y_3，微波功率、作用时间、土样含水率和土样质量分别为 x_1，x_2，x_3，x_4。则各组正交试验结果存在式(3-17)的关系：

$$
\begin{bmatrix} y_{k1} \\ y_{k2} \\ \vdots \\ y_{k16} \end{bmatrix} = \begin{bmatrix} 1 & x_{1,1} & x_{2,1} & x_{3,1} & x_{4,1} \\ 1 & x_{1,2} & x_{2,2} & x_{3,2} & x_{4,2} \\ \vdots & \vdots & \vdots & \vdots & \vdots \\ 1 & x_{1,16} & x_{2,16} & x_{3,16} & x_{4,16} \end{bmatrix} \begin{bmatrix} \beta_{k0} \\ \beta_{k1} \\ \beta_{k2} \\ \beta_{k3} \\ \beta_{k4} \end{bmatrix} + \begin{bmatrix} \varepsilon_{k1} \\ \varepsilon_{k2} \\ \vdots \\ \varepsilon_{k16} \end{bmatrix} \tag{3-17}
$$

式中，$k=1,2,3$；β_{ks} 为回归方程待定系数，s 为待定系数序号，共 S 个待定系数，本次试验中 $S=5$，$s=0,1,2,3,4$；y_{ki} 为各组试验的敏感指标观测值，i 为正交试验序号，共试验 N 组，本次试验中 $N=16$，$i=1,2,\cdots,16$；$x_{1,i}$，$x_{2,i}$，$x_{3,i}$ 和 $x_{4,i}$ 为第 i 组试验的影响因素取值；ε_{ki} 为各组试验误差。

将式(3-17)写成矩阵形式，即

$$
\boldsymbol{Y}_k = \boldsymbol{X}\boldsymbol{B}_k + \boldsymbol{E} \tag{3-18}
$$

设 y_{ki} 和 β_{ks} 最小二乘估计值分别为 $\hat{y}_{ki}$ 和 $\hat{\beta}_{ks}$，则敏感指标与影响因素一次回归方程的表达式为：

$$
\hat{y}_k = \hat{\beta}_{k0} + \hat{\beta}_{k1}x_1 + \hat{\beta}_{k2}x_2 + \hat{\beta}_{k3}x_3 + \hat{\beta}_{k4}x_4 \tag{3-19}
$$

设各敏感指标回归方程误差平方和为 Q_k，则

$$
\begin{aligned}
Q_k &= \sum_{i=1}^{N} \varepsilon_{ki}^2 = \sum_{i=1}^{N} (y_{ki} - \hat{y}_{ki})^2 \\
&= \sum_{i=1}^{N} (y_{ki} - \hat{\beta}_{k0} - \hat{\beta}_{k1}x_{1i} - \hat{\beta}_{k2}x_{2i} - \hat{\beta}_{k3}x_{3i} - \hat{\beta}_{k4}x_{4i})^2
\end{aligned} \tag{3-20}
$$

当 Q_k 最小时，预测回归方程是原方程的最佳匹配。而误差平方和最小的

必要条件是：

$$\frac{\partial \sum\limits_{i=1}^{N} \varepsilon_{ki}^{2}}{\partial \hat{\beta}_{ks}} = 0 \qquad (3\text{-}21)$$

化简式(3-21)，可得

$$\boldsymbol{X}^{\mathrm{T}} \boldsymbol{E} = 0 \qquad (3\text{-}22)$$

将式(3-18)两边同时乘上 $\boldsymbol{X}^{\mathrm{T}}$，并将式(3-22)代入得

$$\boldsymbol{X}^{\mathrm{T}} \boldsymbol{Y}_{k} = \boldsymbol{X}^{\mathrm{T}} \boldsymbol{X} \hat{\boldsymbol{B}}_{k} + \boldsymbol{X}^{\mathrm{T}} \boldsymbol{E} = \boldsymbol{X}^{\mathrm{T}} \boldsymbol{X} \hat{\boldsymbol{B}}_{k} \qquad (3\text{-}23)$$

则回归系数向量 $\hat{\boldsymbol{B}}_{k}$ 的最小二乘估计为

$$\hat{\boldsymbol{B}}_{k} = (\boldsymbol{X}^{\mathrm{T}} \boldsymbol{X})^{-1} \boldsymbol{X}^{\mathrm{T}} \boldsymbol{Y}_{k} \qquad (3\text{-}24)$$

经整理并计算得

$$\hat{\boldsymbol{B}}_{1} = (38.389, -2.432, -0.304, 0.134, 0.637)^{\mathrm{T}}$$

$$\hat{\boldsymbol{B}}_{2} = (21.415, 2.033, 0.211, -0.178, -0.420)^{\mathrm{T}}$$

$$\hat{\boldsymbol{B}}_{3} = (5.011, 1.828, 0.174, -0.101, -0.348)^{\mathrm{T}}$$

则不均匀系数、黏粒含量和塑性指数与微波作用影响因素的回归表达式依次为：

$$C_{u} = 38.389 - 2.432P - 0.304t + 0.134w + 0.637m \qquad (3\text{-}25)$$

$$\eta_{3} = 21.415 + 2.033P + 0.211t - 0.178w - 0.420m \qquad (3\text{-}26)$$

$$I_{p} = 5.011 + 1.828P + 0.174t - 0.101w - 0.348m \qquad (3\text{-}27)$$

3.3.2 回归方程检验

为了验证所得到的多元线性回归方程的拟合效果、自变量联合影响程度以及每个自变量存在的合理性，需要进一步进行 R 检验、F 检验和 t 检验。

回归模型的检验中涉及的统计参数与正交试验方差分析的部分参数相同，但又存在着差异，因此进行回归模型检验前，需要首先明确回归模型的主要统计参数。

回归模型的总平方和、回归平方和与残差平方和以及三者的自由度和均方的计算公式见表 3-11。

表 3-11　回归方程检验统计参数计算公式

统计参数	总和	回归	残差
平方和	$SS_y = \sum_{i=1}^{N} (y_i - \bar{y})^2$	$SS_R = \sum_{i=1}^{N} (\hat{y}_i - \bar{y})^2$	$SS_e = \sum_{i=1}^{N} (y_i - \hat{y}_i)^2$
自由度	$\mathrm{d}f_y = N - 1$	$\mathrm{d}f_R = S - 1$	$\mathrm{d}f_e = N - S$
均方	$MS_y = \dfrac{SS_y}{\mathrm{d}f_y}$	$MS_R = \dfrac{SS_R}{\mathrm{d}f_R}$	$MS_e = \dfrac{SS_e}{\mathrm{d}f_e}$

3.3.2.1　R 检验

为检验回归模型的拟合优度,采用 R 检验相关系数进行判断,各敏感指标回归方程相关系数为

$$R_k^2 = \frac{SS_{Rk}}{SS_{yk}} \tag{3-28}$$

当 R_k^2 接近于 1 时,拟合效果较好。同一个试验中,随着试验次数 N 的增大,R^2 更容易接近 1。为了克服 R^2 依赖于 N 的缺点,产生了修正相关系数 $\tilde{R}^2$,即各敏感指标回归方程相关系数[166]按式(3-29)计算,计算结果如表 3-12 所示。

$$\tilde{R}_k^2 = 1 - \frac{MS_{ek}}{MS_{yk}} \tag{3-29}$$

表 3-12　敏感指标回归方程 R 检验计算结果

项　　目	不均匀系数($k=1$)	黏粒含量($k=2$)	塑性指数($k=3$)
相关系数 R_k^2	0.968 6	0.972 0	0.958 6
修正相关系数 $\tilde{R}_k^2$	0.957 2	0.961 8	0.943 5

从计算结果可以看到,煤系土自然风化过程敏感指标与微波作用影响因素回归方程的相关系数均大于 0.95,修正相关系数较相关系数略有降低,但仍大于 0.94,回归方程相关系数和修正相关系数均较接近 1,表明拟合效果较好。

3.3.2.2　F 检验

为检验回归模型整体对敏感指标的变化是否有显著影响,即回归方程中各

回归系数是否全部为 0,构造各敏感指标的 F 检验统计量:

$$F_k = \frac{MS_R}{MS_e} \tag{3-30}$$

当回归模型对敏感指标的变化有显著影响时,F_k 服从 $F(\mathrm{d}f_R, \mathrm{d}f_e)$ 分布,取显著水平 α,即当 $F_k > F_\alpha(\mathrm{d}f_R, \mathrm{d}f_e)$ 时,敏感指标与影响因素间的线性回归关系模型显著。3 个敏感指标回归方程 F 检验计算结果见表 3-13～表 3-15。

表 3-13　不均匀系数回归方程 F 检验结果

方差来源	自由度	平方和	均方	F
回归	4	320.04	80.01	84.86
残差	11	10.37	0.94	
总和	15	330.41	22.03	

表 3-14　黏粒含量回归方程 F 检验结果

方差来源	自由度	平方和	均方	F
回归	4	191.22	47.81	95.52
残差	11	5.51	0.50	
总和	15	196.73	13.12	

表 3-15　塑性指数回归方程 F 检验结果

方差来源	自由度	平方和	均方	F
回归	4	134.99	33.75	63.64
残差	11	5.83	0.53	
总和	15	140.82	9.39	

查 F 分布表,取显著水平 $\alpha = 0.01$,则 $F_{0.01}(4,11) = 5.67$,表 3-13～表 3-15 中不均匀系数、黏粒含量和塑性指数与影响因素回归方程的 F 计算值分别为 84.86、95.52 和 63.64,远大于 $F_{0.01}(4,11)$,即 3 个敏感指标与影响因素回归方程整体上呈多元线性关系显著的可能性大于 99%。

3.3.2.3　t 检验

回归方程整体上显著并不代表方程中每一项对敏感指标都呈显著的线性关系,因此为检验回归公式每项系数对敏感指标的变化是否有显著线性关系,即回归方程中各项系数是否等于 0，构造各敏感指标的 t 检验统计量：

$$t_{ks} = \frac{\hat{\beta}_{ks}}{\sqrt{MS_{ek} \cdot C_{s+1,s+1}}}$$ (3-31)

式中，$C_{s+1,s+1}$ 为矩阵 $(\boldsymbol{X}^{\mathrm{T}}\boldsymbol{X})^{-1}$ 第 $s+1$ 行、第 $s+1$ 列元素。当回归公式各项系数对敏感指标变化有显著影响时，t_{ks} 服从 $t(\mathrm{d}f_e)$ 分布。

不均匀系数、黏粒含量和塑性指数回归方程 t 检验计算结果见表 3-16。

表 3-16　敏感指标回归方程 t 检验计算结果

变量	回归方程系数序号 s	不均匀系数($k=1$)		黏粒含量($k=2$)		塑性指数($k=3$)	
		回归系数 $\hat{\beta}_{1s}$	t_{1s}	回归系数 $\hat{\beta}_{2s}$	t_{2s}	回归系数 $\hat{\beta}_{3s}$	t_{3s}
常数项	0	38.389	21.72	21.415	16.63	5.011	3.78
功率	1	−2.433	−11.20	2.033	12.85	1.828	11.22
时间	2	−0.304	−13.99	0.211	13.34	0.174	10.70
含水率	3	0.135	3.10	−0.178	−5.64	−0.101	−3.09
质量	4	0.638	2.94	−0.420	−2.66	−0.348	−2.13

取显著水平 $\alpha=0.1$，查 t 分布表（双侧），得 $|t|_{0.1}(11)=1.796$，表中各因素 $|t|$ 均大于 1.796，表明回归方程中各项对煤系土自然风化过程敏感指标显著呈线性关系的可能性大于 90%。

综合分析敏感指标与微波作用煤系土影响因素的回归方程的 R 检验、F 检验和 t 检验结果，表明回归方程拟合优度较高，多元线性回归模型显著，回归方程中每一项对敏感指标显著呈线性关系。

3.3.3　自然风化时间与仿真影响因素的关系

基于正交试验结果获得的煤系土自然风化过程敏感指标与微波作用煤系土影响因素的多元线性回归方程，结合敏感指标与自然风化时间的关系，以自然风化过程敏感指标为过渡量，可建立自然风化时间与微波作用影响因素的函数关系式，即

$$f(T, P, t, w, m) = 0$$ (3-32)

联立式(2-3)～式(2-5)和式(3-25)～式(3-27)，得方程组：

$$\begin{cases} C_u = 12.82 + 16.48e^{-\frac{T}{92.45}} & ① \\ \eta_3 = 40.26 - 13.38e^{-\frac{T}{110.72}} & ② \\ I_p = 23.41 - 13.09e^{-\frac{T}{104.84}} & ③ \\ C_u = 38.389 - 2.432P - 0.304t + 0.134w + 0.637m & ④ \\ \eta_3 = 21.415 + 2.033P + 0.211t - 0.178w - 0.420m & ⑤ \\ I_p = 5.011 + 1.828P + 0.174t - 0.101w - 0.348m & ⑥ \end{cases} \quad (3\text{-}33)$$

直接解方程组(3-33)得到式(3-32)的关系比较困难且形式复杂,不利于后期试验方案的设计和微波模拟煤系土风化试验方法的应用,因此,可根据不同的试验要求,分别建立适用于不同条件下的自然风化与微波作用影响因素的关系式。

3.3.3.1 已知土样状态和目标,求微波功率和时间

建立微波模拟煤系土自然风化作用的试验方法,主要目的是在实验室制备风化煤系土,以便于寻找煤系土风化作用下的强度劣化特点。试验中,从煤系土边坡开挖施工现场取得未风化煤系土,用微波制备达到一定风化状态的煤系土,需要确定微波设备的功率和作用时间。

这种情况下 w、m 和 T 已知,C_u、η_3 和 I_P 已知,方程组(3-33)变为未知数为 P 和 t 的方程组。即:

$$\begin{bmatrix} -2.432 & -0.304 \\ 2.033 & 0.211 \\ 1.828 & 0.174 \end{bmatrix} \begin{bmatrix} P \\ t \end{bmatrix} = \begin{bmatrix} C_u - 38.389 - 0.134w - 0.637m \\ \eta_3 - 21.415 + 0.178w + 0.420m \\ I_P - 5.011 + 0.101w + 0.348m \end{bmatrix}$$

$$(3\text{-}34)$$

式(3-34)中,3 个方程、2 个未知数,这是一个超定方程组,写成矩阵形式为

$$AX = Y \tag{3-35}$$

超定方程组可采用最小二乘法求解[169],即

$$X = (A^T A)' A^T Y \tag{3-36}$$

根据式(3-36)求解方程(3-34),得到一定量的未风化煤系土微波模拟制备自然风化时间的煤系土,需要的微波功率和作用时间为:

$$\begin{cases} P = 1.53C_u + 0.89\eta_3 + 1.59I_P - 85.76 + 0.11w - 0.05m \\ t = -15.39C_u - 6.65\eta_3 - 13.09I_P + 798.81 - 0.44w + 2.46m \end{cases}$$

$$(3\text{-}37)$$

特别的,有时微波设备功率也已经固定,仅需要计算微波作用时间。本书的后续试验中,也主要是采用这种情况设计试验方案。此时,仅 t 一个未知数,同理,利用最小二乘法求解超定方程组,得

$$t = -1.82C_u + 1.26\eta_3 + 1.04I_P + 37.55 - 8.89P + 0.57w + 2.05m$$

$$= 89.42 - (29.99e^{-\frac{T}{92.45}} + 16.86e^{-\frac{T}{110.72}} + 13.61e^{-\frac{T}{104.84}}) -$$

$$8.89P + 0.57w + 2.05m \tag{3-38}$$

3.3.3.2 已知微波设备和目标,求土样含水率和质量

进行微波模拟煤系土风化作用的试验设计时,另一种较为常见的情况是微波设备和可以使用时间已经确定,此时需要制备一定质量、含水率的土样。此时求解方程组为:

$$\begin{cases} w = 528.71 - 7.58C_u - 10.93\eta_3 - 0.69I_P + 5.04P + 0.12t \\ m = -166.49 + 3.01C_u + 2.44\eta_3 - 0.30I_P + 2.92P + 0.45t \end{cases} \tag{3-39}$$

特别的,有时土样常取天然含水率,即土样含水率也已经固定,仅需要计算需要制备的土样质量,则求解式为:

$$m = 0.91C_u - 0.60\eta_3 - 0.49I_P - 19.52 - 4.32P + 0.49t + 0.28w \tag{3-40}$$

3.3.3.3 已知影响因素,求自然风化时间

试验中,为节约能源和时间,有时发生同时处理不同质量、不同含水率的煤系土的情况;或者有时受到客观条件的限制,出现采用微波作用煤系土过程中试验中断的情况,等等。这些情况下,煤系土的质量、含水率以及微波作用的功率和时间已知,即微波作用煤系土的影响因素条件已知,需要分析此时微波作用后的煤系土与自然风化多长时间的煤系土等价。此时,P、t、m 和 w 已知,C_u、η_3 和 I_P 可求得,将各式化简为关于 T 的一元一次方程,然后根据最小二乘法求解超定方程组,关系式为:

$$T = 30.82\ln\frac{16.48}{C_u - 12.82} + 36.91\ln\frac{13.38}{40.26 - \eta_3} + 34.95\ln\frac{13.09}{23.41 - I_P} \tag{3-41}$$

需要说明的是,由于是根据出现失稳的状态确定的煤系土不均匀系数、黏粒含量和塑性指数临界值,所以当 C_u、η_3 或 I_P 超过临界值时,即 $C_u \leqslant 12.82$,$\eta_3 \geqslant 40.26$ 或 $I_P \geqslant 23.41$ 时,式(3-41)无意义。

3.4　试验方法可靠性验证

本章通过分析微波作用原理和煤系土自然风化特点,提出了微波作用模拟煤系土风化作用的试验方法;然后以煤系土自然风化过程的 3 个敏感指标为控制变量,采用多指标正交试验设计手段研究微波作用影响因素与自然风化过程的关系,并建立自然风化时间与影响因素的回归关系表达式。本节分别采用 XRD 分析试验和对比试验,验证所得关系式的可靠性。

3.4.1　微波作用模拟煤系土风化作用的可行性

前文已经分析,煤系土风化作用的本质是煤系土在开挖暴露后在外营力的作用下发生矿物成分的变化和颗粒的破碎。虽然本章 3.1.2 小节已经分析证明了微波作用可以实现土体材料的加热和矿物成分的转化,但微波作用是否能对煤系土矿物成分产生影响,尤其是能否实现煤系土内成岩矿物向黏土矿物的转化,还需要通过试验进行分析和验证。

煤系土的矿物成分仍采用 X 射线衍射分析法(XRD)进行鉴定。从 3.2 节 16 组试验中选取 1 组具有代表性的微波处理后土样进行 XRD 试验,并与 2.1 节矿物成分结果进行对比分析,以判断微波对煤系土矿物成分变化的影响。

考虑煤系土的天然含水率为 24.73%,从 16 组正交试验中选择初始含水率为 25% 的第 8 组试验后的煤系土进行 XRD 分析,结果如图 3-8 所示。

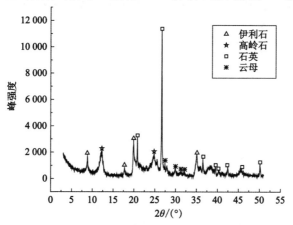

图 3-8　微波后煤系土 XRD 图谱

由 X 射线衍射图谱分析结果可知,该微波作用后煤系土主要成分有石英、云母和伊利石,以及少量的高岭石、绿泥石和蒙脱石等。这与图 2-4 的分析结果一致。该组微波作用后的煤系土矿物成分含量分别为:石英 30.24%,云母、方解石和钾长石等矿物成分 16.50%,黏土矿物(包括高岭石、伊利石、蒙脱石和绿泥石等)36.11%。与表 2-2 中未风化煤系土矿物成分含量数据对比可知,成岩矿物含量明显减少,黏土矿物含量明显升高,这与自然风化作用下煤系土矿物成分变化的规律基本一致。

XRD 分析结果表明,在微波作用下能够实现煤系土中成岩矿物向黏土矿物的转化,即微波作用模拟煤系土自然风化作用的试验方法具有一定的可行性。

3.4.2　模拟试验与自然风化关系的验证

基于正交试验设计,上文分析并建立了微波作用煤系土的试验影响因素与自然风化时间的关系式,即自然风化时间 T 与微波作用煤系土试验中的微波功率 P、微波作用时间 t、土样含水率 w 和土样质量 m 之间的关系式[式(3-33)以及适用于不同情况的式(3-37)～式(3-41)]。虽然从数学角度对这些回归方程模型和回归系数进行了显著性检验,但是仍需要以合理的试验工况和土工试验对影响因素与自然风化时间的关系进行验证分析。又因为适用于不同情况的风化时间与微波作用影响因素的关系式均是以方程组(3-33)求解获取的,因此式(3-37)～式(3-41)具有一致性。为提高工作效率,仅对较为常见的、适用于已知煤系土含水率和试样质量以及试验后需实现的煤系土风化程度,确定微波作用功率和作用时间的式(3-38)进行试验验证。

选用第 2 章从边坡开挖施工现场取得的未风化煤系土进行试验,其天然含水率为 24.73%,取试样质量为 3 kg,按 3.1.4 小节试验步骤进行试验,模拟制备自然风化时间 20 d、40 d、80 d 和 160 d 的煤系土,然后开展颗粒分析试验和界限含水率试验,并将试验结果中的敏感指标与第 2 章自然风化条件下制备的煤系土的指标值进行对比分析。根据式(3-37)求得微波试验功率和微波作用时间,并按照计算结果开展微波作用煤系土的试验,计算结果和试验后煤系土敏感指标值见表 3-17。

从表 3-17 可以看出,随着自然风化时间的增大,根据式(3-37)求得的微波试验功率逐渐增大,而微波作用时间先增大后减小。微波功率在 2～7 kW 范围内,作用时间在 30～40 min 范围内,强度合适,时间长度合理,未出现过大的功率和时间,有利于试验过程安全控制和保护微波设备,节约能源,提高效率。

表 3-17 微波作用功率和作用时间的计算及试验值

T/d	P/kW	t/min	不均匀系数			黏粒含量/%			塑性指数		
			真实值	计算值	试验值	真实值	计算值	试验值	真实值	计算值	试验值
20	2.65	35.42	26.0	26.1	26.5	28.6	29.1	28.0	12.5	12.6	12.0
40	3.33	38.29	21.9	23.5	23.1	31.7	30.9	30.1	14.6	14.5	13.9
80	4.61	40.18	19.8	19.8	19.3	34.3	33.8	33.2	17.4	17.3	16.8
160	6.61	37.13	17.1	15.7	16.2	36.2	37.1	35.9	20.4	20.6	19.5

由表 3-17 中数据可知:

(1) 4 组试验中,不同风化时间下,与自然风化作用下煤系土不均匀系数的真实值相比,计算值与真实值最大相差 1.6,最小相差为 0。试验值与真实值最大差值为 1.2,在自然风化 40 d 时发生,误差为 5.48%;最小差值为 0.5,在自然风化时间 80 d 时发生,误差为 2.53%。

(2) 4 组试验中,不同风化时间下,煤系土黏粒含量的真实值与计算值最大差值为 0.9%,误差为 2.49%,最小差值为 0.5%,误差仅为 1.46%;试验值与真实值最大差值为 1.6%,误差为 5.05%,最小差值为 0.3%,误差仅为 0.83%。

(3) 4 组试验中,不同风化时间下,煤系土塑性指数的真实值与计算值最大差值为 0.2,最小差值为 0.1,误差均不足 1%;试验值与真实值最大差值为 0.9,误差为 4.41%,最小差值为 0.5,误差为 4.00%。

试验值与真实值的最大误差较计算值与真实值的最大误差和最小误差基本一致,表明本书提出的模拟试验和关系式均具有一定的准确性。若需要更准确地获取风化后煤系土的性质指标,需要开展微波作用模拟自然风化的试验,结合常规土工试验获取相应指标参数,而在粗略预估煤系土风化后的性质时,可以根据拟合公式进行计算预测。总体来讲,微波作用后煤系土敏感指标(不均匀系数、黏粒含量和塑性指数)与自然风化状态下相应的敏感指标较为相近,达到预期效果,即利用自然风化时间与微波作用影响因素(微波功率、微波时间、土样含水率和土样质量)间的关系,可以采用微波作用模拟煤系土自然风化作用,制备不同风化程度的煤系土。

3.5　小结

风化作用对煤系土的影响是一个复杂的过程,为探究煤系土的物理力学性质随着风化程度的变化规律,以及预测风化作用对煤系土强度的影响,有必要寻求一种新的试验手段,在室内加速煤系土的风化作用。本章首先通过对自然风化作用和微波作用机理的分析,建立了微波模拟煤系土自然风化作用的试验方法;然后采用正交试验设计理念,以自然风化作用敏感指标为控制性变量,研究了微波模拟煤系土风化作用的影响因素与自然风化时间的关系,并建立关系式;最后通过 XRD 试验和自然风化煤系土物理性质指标对模拟方法和关系式进行了验证。本章主要结论如下:

(1) 微波特殊的加热性能可以保证在煤系土矿物成分转化的同时伴随着土颗粒的破碎,即实现化学风化作用伴随着物理风化作用,使得建立微波模拟煤系土风化作用的试验方法具有可行性。

(2) 微波模拟煤系土风化作用试验方法的主要仪器包括大功率微波能发生器、中温试验炉、陶瓷器皿和远程控制系统;试验主要分为制样、装样、微波作用和数据采集 4 个步骤;试验主要影响因素包括微波功率、微波时间、土样含水率和土样质量。

(3) 正交试验极差分析结果表明功率和时间是微波作用煤系土的主要影响因素,土样质量和含水率是次要影响因素。微波功率和作用时间作为客观作用条件,能够有效地促进煤系土的风化,而试验中的土样含水率和质量作为土体主观条件影响着客观条件的作用效果。正交试验方差分析结果表明微波作用时间和作用功率对 3 个敏感指标的影响程度均为“高度显著”;含水率对不均匀系数、黏粒含量和塑性指数的影响程度依次为“有一定影响”、“显著”和“影响微小”;土样质量对不均匀系数和塑性指数的影响程度为“影响微小”,对黏粒含量的影响程度为“有一定影响”。

(4) 基于正交试验结果可分别建立 3 个敏感指标与影响因素的多元线性回归方程,回归方程的相关系数均大于 0.95,修正相关系数较相关系数略有降低,但仍大于 0.94,说明拟合效果较好。不均匀系数、黏粒含量和塑性指数与影响因素回归方程均通过显著水平 0.01 的 F 检验。各回归方程各项系数均通过显著水平 0.1 的 t 检验。

(5) 根据敏感指标与微波作用影响因素的回归关系以及敏感指标与自然风

化时间的指数模型关系,建立了微波作用影响因素与自然风化时间的关系式。微波后煤系土与自然风化煤系土的 XRD 试验和敏感指标对比验证结果表明,在微波作用下能够实现煤系土中成岩矿物向黏土矿物的转化,微波作用后煤系土敏感指标与自然风化状态下相应的敏感指标较为相近,试验方法具有一定的可行性,可以采用微波作用模拟煤系土自然风化作用,制备不同风化程度的煤系土。

4 煤系土风化过程中强度指标
演变规律

煤系土在暴露风化过程中，矿物成分、颗粒组成以及界限含水率等物理指标发生着剧烈变化，直接影响着土的抗剪强度。然而，煤系土暴露风化过程中抗剪强度的衰减，不仅与抗剪强度指标有关，还与整体结构性破坏程度有关。本章将着重在前两章研究的基础上，采用独立分量分析(ICA)方法，研究煤系土风化过程中抗剪强度指标演变与敏感指标的关系，并建立相应的多元回归方程，为准确描述抗剪强度衰减规律提供条件。主要研究内容如下：

（1）采用固结不排水三轴剪切试验，开展原状、不同开挖暴露时间以及微波仿真模拟风化试验后的煤系土常规强度试验；

（2）根据强度试验结果，分析不同暴露时间煤系土力学特性和强度指标，以及煤系土物理力学性质指标风化过程变化规律；

（3）基于独立分量分析方法和具有快速收敛速度的 FastICA 算法，编制 MATLAB 程序，分别研究主要物理性质指标和敏感指标与强度指标的关系，并采用独立分量回归(ICR)方法建立相应的回归方程；

（4）结合敏感指标变化规律，建立煤系土风化过程的抗剪强度指标演变规律关系式，采用不同暴露风化时间煤系土常规强度试验结果进行验证，并对回归方程进行相关性和显著性检验。

4.1 煤系土强度指标试验

煤系土在自然风化作用下其矿物成分、颗粒组成以及界限含水率等物理指标发生着变化，直接影响着土体的抗剪强度，因此有必要采用常规土工试验确定煤系土不同风化时间下的抗剪强度指标，并研究煤系土风化过程的抗剪强度指标演变规律。

　　虽然已经获得了不同暴露风化时间的煤系土,但是由于数据量较少,无法全面掌握煤系土的风化过程。自然风化条件下煤系土试样的制备需要较长的时间,耗费大量的精力和经济成本,而本书提出的微波模拟煤系土风化的试验方法可以在较短的时间内获取不同风化时间的煤系土试样。此外,由于原状态的未风化煤系土与重塑煤系土相比具有明显的结构性,有必要通过剪切试验测定原状煤系土强度特性。

　　为研究风化作用对煤系土强度特性的影响,本章开展常规固结不排水三轴剪切试验,测定原状、不同开挖暴露时间以及微波仿真模拟风化试验后的煤系土的力学特性以及抗剪强度指标。

4.1.1　试验仪器

　　为加快试验进度,同时尽量避免试验过程中人为操作不当导致的偏差,本实验采用 TSZ-2 全自动三轴仪进行三轴剪切试验。试验仪器和电脑控制界面如图 4-1 所示。

　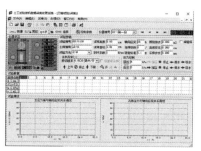

（a）试验加荷系统　　　　　　　（b）人机交互控制界面

图 4-1　TSZ-2 全自动三轴仪

　　TSZ-2 全自动三轴仪的操作简便,主体部分集合了人工机械控制、电子自动控制和传感器自动检测等多方面的技术,通过其基本配置可以完成各种常规压缩和剪切试验。TSZ-2 全自动三轴仪可以选择不同的试样大小,并结合相应大小的压力仓大中小三轴的试验;在压力控制上,轴压最大可达到 60 kN,围压、反压、孔压最大可达 2 MPa,而且围压反压可通过精密调压筒控制,对体积变化的测量精度可达到 1 mm³;在剪切速率的控制上,可精确到 0.001 48 mm/min。加载方式采用分别控制的方式,即在轴向力的施加上采用与底座及衡量相连接的反力架与步进电机,当应力或位移达到限值后将自动停机;围压反压系统的控制采用则选用了"精密数字活塞"的液压系统,默认无气水不可压缩,通过调压筒、压力传感器及单片机装置施加围压和轴压。

TSZ-2 全自动三轴仪使用南京智龙科技开发有限公司开发的 TGW 软件作为控制系统。该系统在硬件方面使用便携式数据采集器取代原有的数据采集卡,软件为纯 Windows 平台,具有较人性化的操作界面,可与全自动三轴仪、气压全自动固结仪等新型土工仪器配套使用,实现了对试验的全过程控制,且整个试验过程数据采集是全自动的,避免了人工计数所带来的误差,大大提高了试验精度。

4.1.2 破坏取值标准的选择

对于三轴剪切试验破坏取值标准,目前,国内外广泛采用的有两种,一种是以最大主应力差$(\sigma_1-\sigma_3)_{\max}$ 作为三轴剪切试验破坏取值标准(当应力-应变曲线不出现峰值时,则取轴向应变 $\varepsilon_a=15\%$ 所对应的主应力差作为试样的抗剪强度);另一种是以最大有效应力比$(\sigma_1'/\sigma_3')_{\max}$ 为判断破坏的取值标准。两种破坏取值标准的关系如下:

$$\sigma_1-\sigma_3=\sigma_1'-\sigma_3'=(\sigma_3-\mu)\left(\frac{\sigma_1'}{\sigma_3'}-1\right) \tag{4-1}$$

在三轴固结不排水剪切试验(简称 CU 试验)中,由于孔隙水压力的变化,两种破坏取值标准存在一定的差别。因此根据试验规程[126],煤系土 CU 试验应变控制在轴向应变达到 20% 时停止试验。当主应力差和轴向应变关系曲线存在峰值时,以峰值点为土体的破坏点;无峰值时,取轴向应变的 15% 对应点作为土体的破坏点。

4.1.3 三轴试验过程

4.1.3.1 试验过程

对不同状态的煤系土土样分别用围压 σ_3 为 100 kPa、200 kPa、300 kPa 和 400 kPa 进行等压固结,直至孔隙水压力读数接近零,待固结完成后,进行 CU 试验,剪切速率控制为轴向应变 0.062 5%/min(即 0.05 mm/min)。通过试验记录固结过程中排水量和时间的关系,以及剪切过程偏应力与轴向应变的关系,计算得到土体固结不排水下的 c_{cu}、φ_{cu} 值,从而分析煤系土强度指标与风化时间的关系。

4.1.3.2　最优含水率

为制备风化煤系土的CU试验重塑土样,需首先确定其最优含水率。采用轻型击实仪对未风化扰动煤系土进行击实试验,并绘制击实曲线,如图4-2所示。

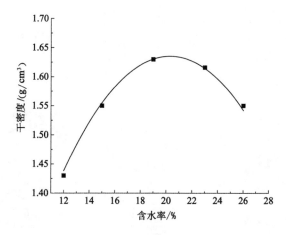

图 4-2　未暴露风化煤系土最优含水率

由图 4-2 可得未暴露风化煤系土的最优含水率为 20.5%。土体的最优含水率一般略低于塑限,由界限含水率试验可知,不同风化时间的煤系土塑限含水率变化不明显,因此为了减少试验变量及工作量,本书假定煤系土最优含水率随风化时间的增大不发生变化。

4.1.3.3　制备试验土样

为保证数据完整性,防止试验中试样意外损坏,每组土样制备 5 个试样。制样过程如图 4-3 所示。试样尺寸为常规的 ϕ39.1 mm×80 mm。原状煤系土试样制备时,首先从取土器中取一稍大于规定尺寸的土柱,放置在切土盘上,然后用钢丝锯小心切割成规定尺寸,最后套入承模筒中,将试样两端削平。

CU 试验重塑土样颗粒允许粒径要求小于原状土试样直径的 1/10,故用木槌在橡胶板上将土体碾碎后过 2 mm 筛。测量土体此时的含水率 w_0。考虑制样过程中土体损失,以及保证试样损坏后可以及时更替,取过筛土体 5 份,每份质量 $m_0 = 170$ g,分别放入釉面敞口陶瓷碗中,根据式(4-2)计算制样所需加水量 m_w,加水至预定含水率 w_1。使用调土刀拌和均匀,然后密封碗口,并放置在阴凉处的保湿缸内 24 h,使土样含水率均匀,然后制样。

（a）原状土样的制备　　　　　（b）土体拌和　　　　　（c）拌和后闷土

（d）分层击样　　　（e）制备滤纸条和滤纸片　　　（f）抽真空后浸泡

图 4-3　土样制样过程

$$m_{\mathrm{w}} = \frac{m_0}{1 + 0.01w_0} \times 0.01(w_1 - w_0) \tag{4-2}$$

按照前期测量的最大干密度计算试样的装土量，然后将土体分层分量分别击入击样桶中，保证每层土击实后的高度基本一致，然后用调土刀将表面刮毛后再击实下一层土料。击样结束后将击样筒中的试样两端整平取出称其质量，保证同一组试样的质量差小于 1.5 g。

4.1.3.4　土样饱和

试样饱和采用抽真空饱和与反压饱和相结合的方式。将称重之后的柱状试样装入内部涂抹适量凡士林的三瓣膜中并使用环箍固定，饱和器上下均放置透水性较好的透水石。为防止饱和过程中试样上细小颗粒进入透水石影响饱和效果，需要在透水石和试样结合处放置与透水石等大的滤纸片。抽真空饱和时，按照规定先将饱和器放入无水的饱和缸内，在饱和缸口涂抹适量凡士林避免漏气影响饱和效果，盖上连接抽气泵的饱和缸盖，保持进水管关闭、抽气管打开,将真空泵通电并打开,观察压力表,待缸内气压稳定为 1 个负值的大气压并稳定 1 h 后打开进水阀,使水缓慢进入饱和缸,待试样被淹没后关闭进水阀,打开饱和缸盖,浸泡 24 h,以备 CU 试验使用。

4.1.3.5 装样

将试样小心地从饱和器中推出,保证破坏端面完整性,击样时的上下端关系不变。在试样侧表面沿轴向均匀粘贴 8 条宽度为 0.8 cm 的滤纸条。因为要施加反压力饱和,滤纸条必须中间断开约 1/4 试样高度,或自底部向上贴至 3/4 试样高度处。为保证试样能较容易套进橡皮膜内,本试验中选择滤纸条在试样中间断开 1/4 的方式并保证试样上部滤纸条和滤纸片相接触。将检验结果完好,无漏气的橡皮膜过水后套在承膜桶中,用吸球吸取橡皮膜和承膜桶之间的空气,保证橡皮膜紧贴在承膜桶上,然后从上往下套在贴好滤纸条的试样上,拔除吸球,使橡皮膜紧贴试样,准备装样。

在三轴仪的储水缸内注入无气水,全自动三轴仪开启后先进行仪器自检,排除所有管路内的气泡,提前将 2 条橡皮筋套在连接排气管的试样帽上,然后在压力室底座上放置经沸水煮过并冷却的饱和透水石,透水石上放置滤纸片。将上述包裹试样和橡皮膜的承膜筒放到底座上,将橡皮膜下端套进底座,同时将承膜桶取下,在试样上套上对开圆模,将试样上部的橡皮膜套到对开圆模上部,在试样上部分别放滤纸片和饱和透水石,将橡皮膜与试样帽扎紧。

4.1.3.6 试验过程控制

(1) 将压力室罩固定在压力室的底座上,并在压力室内充水,拧紧排气帽,按试验方案设定围压、反压饱和每级加压增量和最大压力。本书 CU 试验过程中,按《公路土工试验规程》[128],取围压增量为 30 kPa,反压饱和最大压力设定为 200 kPa。

(2) 点击全自动三轴仪控制系统界面上的"开始试验"字样,仪器自动进行饱和度检验,仪器采用围压 σ_3 作用下的孔隙水压力系数 B 判断试样是否已达到饱和状态:

$$B = \frac{\Delta u_1}{\Delta \sigma_3} \tag{4-3}$$

式中,Δu_1 为在围压增量 $\Delta \sigma_3$ 时的土体孔隙水压力增量。

仪器可自动保持反压力不变,分级增大周围压力,并自动计算测量孔压的增量 Δu_1 和 B 值。当试样在某级压力下,孔压增量 Δu_1 与围压增量 $\Delta \sigma_3$ 比值大于 0.98 时,表明试样已完全饱和。

（3）待反压饱和结束，仪器自动调整压力室的围压至预设围压值，并进入固结阶段，固结过程中仪器自动记录排水量与孔压随时间的变化关系。

（4）固结结束后进入剪切阶段。试样进行剪切前，体变管阀、排水管阀、周围压力阀和孔隙压力阀保持开通，量管阀关闭。根据规范要求设定剪切速率为0.05 mm/min，开动电动机合上离合器开关进行剪切，剪切土样至轴向应变达到20%为止。程序自动记录轴向应变与时间的关系。

（5）试验结束后拆样并观察试样破坏形态。对同组不同试样，进行不同围压的剪切应变速率试验。

4.2　试验结果与分析

根据上述 CU 试验方案，分别对原状、不同开挖暴露时间以及微波仿真模拟风化试验后的煤系土测定力学特性和强度指标。本节首先分析原状煤系土以及暴露风化煤系土的力学特性和强度指标，研究暴露风化作用对煤系土强度特性的影响，然后通过对微波模拟风化过程制备的 16 组不同风化时间煤系土进行物理力学性质分析，以期全面掌握风化过程对煤系土物理力学性质的影响。

4.2.1　原状煤系土和风化煤系土的强度特性

严格遵循相关规范和上述试验方案开展常规 CU 试验，得到原状煤系土以及不同暴露风化时间煤系土 CU 试验的应力-应变关系、孔压大小和应力路径等力学特性数据。为方便论述，将试验煤系土样进行编号，如表 4-1 所示。

表 4-1　暴露风化煤系土编号

暴露风化时间/d	0（原状土）	0（未风化重塑土）	20	40	80	160
土样编号	YZT	WFH	ZF20	ZF40	ZF80	ZF160

4.2.1.1　煤系土剪切破坏形式

200 kPa 围压下各编号煤系土试验结束后形态如图 4-4 所示。

原状煤系土自形成以来，内部胶结结构未受到破坏；而重塑土和风化煤系土的胶结结构遭受破坏，从而会在受力后出现不同的形态。李建红等[170]对结构性土破坏形式的研究揭示，结构性土试样主要有三种破坏形式，即纵向劈裂

(a) YZT　　　　　(b) WFH　　　　　(c) ZF20

(d) ZF40　　　　　(e) ZF80　　　　　(f) ZF160

图 4-4　CU 试验后部分试样形态

破坏、剪切带破坏和均匀剪切破坏。一般情况下由于原状土土体之间存在原始的胶结物及原始薄弱面,随着围压的增大,会对土的薄弱面产生一定的约束,使其不容易出现剪切面,试样的破坏形式逐步由纵向劈裂向均匀剪切破坏的方式过渡。

由图 4-4 可见,原状煤系土 CU 试验后有明显的贯穿剪切面,剪切面与大主应力作用面的夹角约 60°,而重塑和风化不同时间的煤系土试样在试验后均呈现上下较细、中间较粗的鼓状,部分土样直径最大的位置位于土柱中下方。这说明原状煤系土呈剪切带破坏形式,重塑和风化不同时间的煤系土样为鼓胀塑性破坏[171-172]。

随着围压 σ_3 从 100 kPa 增大到 400 kPa,原状煤系土的破坏形式均为剪切面破坏,只是相对来说高围压下剪切面没有较低围压下剪切面明显,分析其原因是原状土本身就存在薄弱面,因而在较小围压保护的剪切过程中更容易得到明显的剪切面。相对于原状土,重塑土由于经过土体筛分、搅拌、分层击实等制样步骤,受到人为干扰较大,原土体的胶结结构被破坏,试样各部分状态都比较均匀,且风化作用后土体颗粒粒径整体减小,试样内颗粒及孔隙分布也较为均匀,因而剪切过程较难出现剪切面。

4.2.1.2 应力、孔压与应变关系及应力路径

通过煤系土 CU 试验,得到试验过程中大主应力(轴向应力)σ_1、小主应力(围压)σ_3、孔隙水压力 u 以及轴向应变 ε_a 等参数的变化情况,从而可以得到有效应力值,即 $\sigma_1' = \sigma_1 - u$,$\sigma_3' = \sigma_3 - u$。在 CU 试验中,土体的平均正应力 p 和偏应力 q 以及有效平均正应力 p' 和有效偏应力 q' 按式(4-4)～式(4-6)计算[173]:

$$p = (\sigma_1 + \sigma_3)/2 \tag{4-4}$$

$$p' = (\sigma_1' + \sigma_3')/2 \tag{4-5}$$

$$q = q' = \sigma_1 - \sigma_3 = \sigma_1' - \sigma_3' \tag{4-6}$$

则原状煤系土以及不同风化时间煤系土 CU 试验的主应力差 $(\sigma_1 - \sigma_3)$ 与 ε_a 关系曲线、u 与 ε_a 的关系曲线,以及剪切过程总应力路径和有效应力路径图分别如图 4-5～图 4-10 所示。

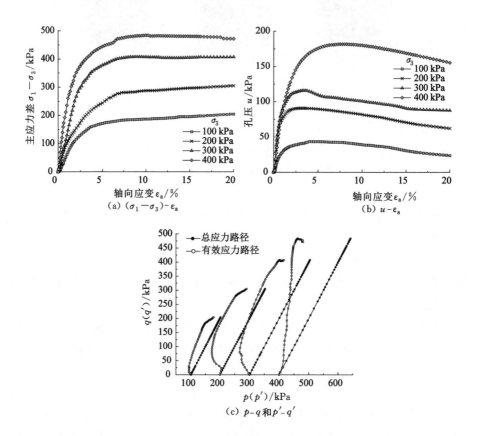

图 4-5 YZT 的 CU 试验关系曲线

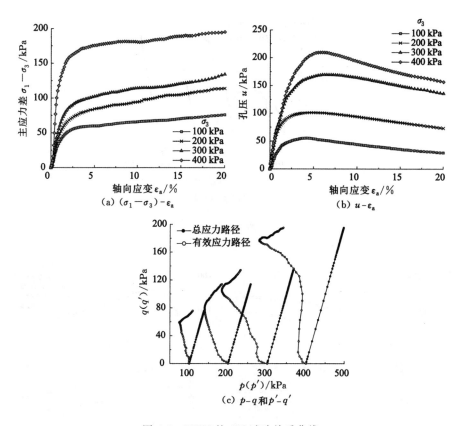

(a) $(\sigma_1 - \sigma_3) - \varepsilon_a$

(b) $u - \varepsilon_a$

(c) $p - q$ 和 $p' - q'$

图 4-6　WFH 的 CU 试验关系曲线

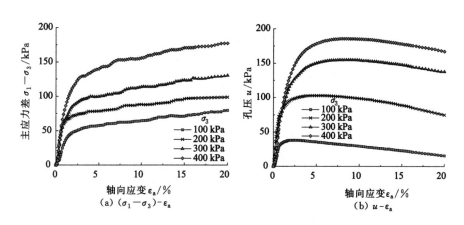

(a) $(\sigma_1 - \sigma_3) - \varepsilon_a$

(b) $u - \varepsilon_a$

图 4-7　ZF20 的 CU 试验关系曲线

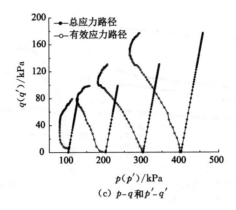

(c) $p-q$ 和 $p'-q'$

图 4-7（续）

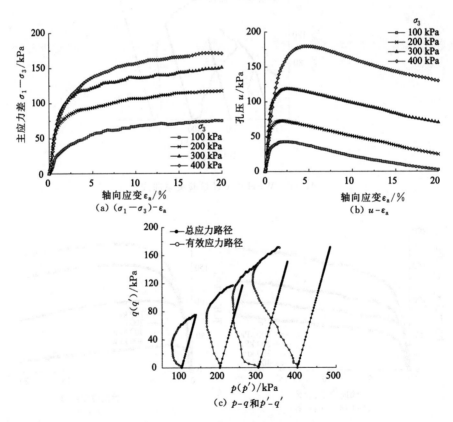

(a) $(\sigma_1-\sigma_3)-\varepsilon_a$

(b) $u-\varepsilon_a$

(c) $p-q$ 和 $p'-q'$

图 4-8　ZF40 的 CU 试验关系曲线

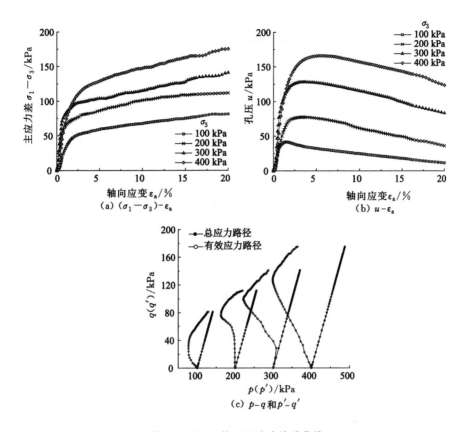

图 4-9　ZF80 的 CU 试验关系曲线

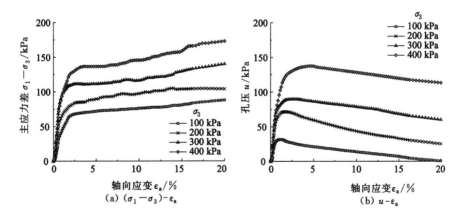

图 4-10　ZF160 的 CU 试验关系曲线

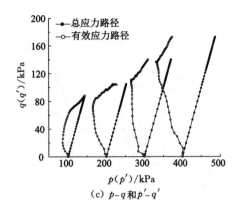

(c) $p-q$ 和 $p'-q'$

图 4-10(续)

由图 4-5～图 4-10 可以看出:

(1) 试验中,围压 σ_3 越大,煤系土剪切过程中的应力峰值越大,表明围压能够有效地增大煤系土抗剪强度,主要原因为增大围压会使土颗粒间的咬合力增大,抵抗剪切变形的能力增大。

(2) 煤系土 CU 试验主应力差随着轴向应变的增大逐渐增大,表明煤系土的应力-应变关系呈应变硬化型,仅原状煤系土应力-应变关系曲线在围压较大(围压为 300 kPa 和 400 kPa)时出现轻微的软化现象。随着风化时间的增加,重塑煤系土样应变硬化程度呈增大的趋势。

(3) 对比 YZT 和 WFH 两组土样的 $(\sigma_1-\sigma_3)$-ε_a 关系曲线可以发现,相同围压下原状煤系土 CU 试验主应力差大于重塑煤系土。这是因为原状煤系土土样未受到扰动或扰动较少,土体结构较为完整,能够抵抗外力的剪切作用;当土体受到扰动后,其土颗粒间的胶结结构遭到破坏,抗剪强度降低,从而表现为原状煤系土较重塑煤系土抗剪强度大。

(4) 在 CU 试验过程中,煤系土在不同围压下孔隙水压力均是先增大后减小。CU 试验中煤系土孔压增大,表明剪切过程中土样发生了减缩现象;而孔压达到峰值后开始减小,表明土样发生了剪胀现象。

(5) 由于煤系土常规 CU 试验剪切过程中围压 σ_3 保持不变,因此总应力路径为直线。剪切过程中平均有效正应力呈先减小后增大的变化规律,变化的转折点表示该应力状态下煤系土由减缩现象转为减胀现象,这与孔压变化分析结果一致。

(6) 煤系土在不同围压下剪切过程中有效应力路径均朝有效正应力减小的方向变化,且土体被破坏时的孔隙水压力 u_f 均大于 0,表明不同风化时间的煤系土均为弱超固结土。

4.2.1.3 抗剪强度指标

　　根据 4.1.2 节破坏取值标准的选择分析,取原状煤系土和不同风化时间煤系土 CU 试验破坏时的总应力值和有效应力值,分别以在不同围压下的试验结果,在 τ-σ 平面绘制煤系土的总应力和有效应力摩尔圆,如图 4-11~图 4-16 所示,其中总应力摩尔圆顶点的连线为 K_f 线,有效应力摩尔圆顶点的连线为 K_f' 线。

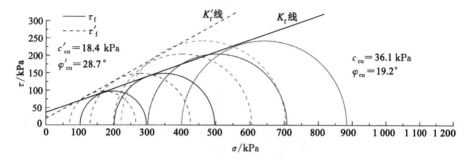

图 4-11　YZT 的 CU 试验摩尔圆和破坏包线

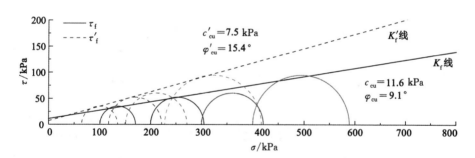

图 4-12　WFH 的 CU 试验摩尔圆和破坏包线

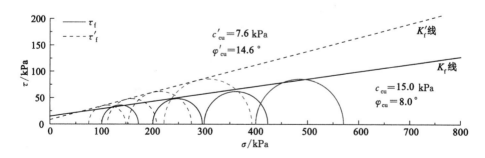

图 4-13　ZF20 的 CU 试验摩尔圆和破坏包线

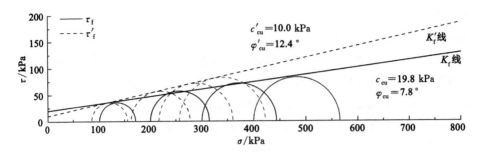

图 4-14　ZF40 的 CU 试验摩尔圆和破坏包线

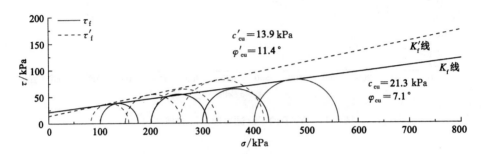

图 4-15　ZF80 的 CU 试验摩尔圆和破坏包线

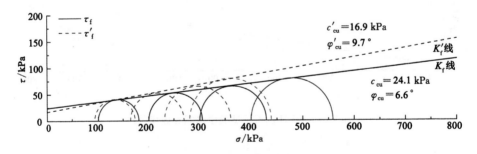

图 4-16　ZF160 的 CU 试验摩尔圆和破坏包线

　　由摩尔-库仑理论,煤系土固结不排水条件的黏聚力 c_{cu} 和内摩擦角 φ_{cu} 为不同围压下总应力摩尔圆的公切线的截距和倾角,设 K_f 线的截距为 d,倾角为 α,则

$$\varphi_{cu} = \arcsin(\tan \alpha) \tag{4-7}$$

$$c_{cu} = \frac{d}{\cos \varphi_{cu}} \tag{4-8}$$

同理,设煤系土 CU 试验有效黏聚力为 c_{cu}'、有效内摩擦角为 φ_{cu}',K_f 线的截距为 d'、倾角为 α',则

$$\varphi_{cu}' = \arcsin(\tan \alpha') \qquad (4\text{-}9)$$

$$c_{cu}' = \frac{d'}{\cos \varphi_{cu}'} \qquad (4\text{-}10)$$

对在不同围压下获得的总应力和有效应力摩尔圆顶点进行线性拟合,可得到 K_f 线和 K_f' 线的方程,从而根据式(4-7)～式(4-10)得到不同状态煤系土的强度指标值,见表 4-2 和图 4-17。

表 4-2　不同风化时间煤系土 CU 试验强度指标

土样	原状土	未风化重塑土	风化土			
			自然风化时间/d			
			20	40	80	160
总黏聚力 c_{cu}/kPa	36.1	11.6	15.0	19.8	21.3	24.1
总内摩擦角 φ_{cu}/(°)	19.2	9.1	8.0	7.8	7.1	6.6
有效黏聚力 c_{cu}'/kPa	18.4	7.5	8.4	10.0	13.9	16.9
有效内摩擦角 φ_{cu}'/(°)	28.7	15.5	14.6	12.4	11.4	9.7

从图 4-11～图 4-16 所示煤系土 CU 试验摩尔圆和破坏包线,以及表 4-2 和图 4-17 所示煤系土的强度指标,可以得出如下结论:

(1)土体被破坏时孔隙水压力 u_f 均大于 0,煤系土为弱超固结土,有效应力摩尔圆均在总应力摩尔圆左侧,总破坏包线较有效破坏包线的截距大,斜率小,即总黏聚力大于有效黏聚力,总内摩擦角小于有效内摩擦角。

(2)不同风化时间的煤系土总黏聚力均小于原状煤系土总黏聚力。黏聚力的指标反映了土颗粒间的吸引力和土体结构的胶结作用,而原状煤系土有着较为完整的结构性,土颗粒间的胶结作用对其总黏聚力起主导作用且较颗粒间的吸引力大,从而表现出原状煤系土较扰动煤系土和风化煤系土总黏聚力大。

(3)随着风化时间的增加,重塑煤系土的总黏聚力逐渐增大。从前文分析可知,随着风化作用的进行,煤系土黏土矿物的含量逐渐增大,黏土颗粒粒径变小,颗粒间具有更强的吸引力,因此随着风化程度的加深,煤系土总黏聚力逐渐增大。

(4)不同风化时间的煤系土总内摩擦角均小于原状煤系土总内摩擦角。内

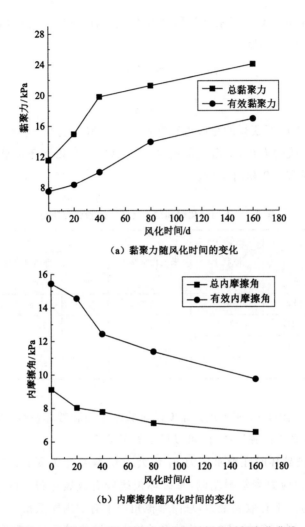

（a）黏聚力随风化时间的变化

（b）内摩擦角随风化时间的变化

图 4-17 煤系土 CU 试验强度指标随风化时间变化曲线

摩擦角指标反映了土颗粒间相互滑动时的摩擦力，以及土颗粒间的咬合摩擦力。而原状煤系土较为完整的结构性增大了土颗粒间的嵌入、连锁和咬合能力，从而表现出原状煤系土较扰动煤系土和风化煤系土总内摩擦角大。

（5）随着风化时间的增加，重塑煤系土的总内摩擦角逐渐减小。由于煤系土黏土矿物的含量随着风化作用的进行逐渐增大，黏土颗粒粒径变小，表面相对光滑，颗粒间摩擦力较小，相互咬合能力差，因此随着风化程度的加深，煤系土的总内摩擦角逐渐减小。

（6）煤系土抗剪强度指标随着风化时间的增加逐渐变化：在风化开始阶段，抗剪强度指标迅速变化，而在风化大于 40 d 后逐渐趋于平缓，变化速率逐渐降低。这表明煤系土在开挖暴露 40 d 左右的时间内其受到的风化作用较为明显，这与实际工程中煤系土开挖暴露后性质迅速劣化的时间在前 1～2 个月内的规律一致。

4.2.2　煤系土物理性质指标变化规律

根据 3.3 节建立的煤系土仿真模拟试验影响因素与暴露风化时间的关系式(3-41)，通过常规土工试验获取正交试验设计的 16 组不同风化时间煤系土的物理性质指标见表 4-3 和图 4-18。

表 4-3　正交试验设计工况下煤系土风化时间与物理指标

试验编号	风化时间/d	细颗粒含量/%	粉粒含量/%	黏粒含量/%	不均匀系数	曲率系数	液限/%	塑限/%	塑性指数
1	9.93	81.01	52.75	28.38	28.43	1.85	46.91	35.71	11.22
2	18.90	82.33	53.03	29.31	26.51	1.42	47.61	33.71	13.93
3	28.78	83.20	52.54	30.69	24.42	1.06	48.51	34.31	14.20
4	39.82	84.55	53.60	31.00	22.90	0.62	49.21	35.41	13.83
5	13.79	81.87	53.04	28.69	27.63	1.53	47.16	35.46	11.69
6	36.63	84.38	54.23	30.00	25.08	0.75	48.83	34.43	14.38
7	53.54	86.80	55.12	31.63	21.27	0.51	49.55	33.45	16.10
8	89.56	88.11	54.18	33.48	19.20	0.32	51.05	34.05	17.03
9	21.78	82.83	53.78	29.19	26.88	1.23	47.98	34.68	13.34
10	41.26	85.31	55.70	29.63	24.82	0.60	49.28	34.08	15.18
11	113.40	89.02	52.94	36.06	17.93	0.25	52.41	33.91	18.47
12	172.48	90.02	52.83	37.13	15.74	0.14	53.23	33.93	19.30
13	44.57	85.60	54.28	31.44	24.69	0.58	49.64	34.94	14.70
14	91.61	88.30	53.15	35.25	17.67	0.29	51.31	32.51	18.82
15	124.07	89.20	51.95	37.13	15.80	0.23	52.33	32.73	19.64
16	318.16	90.01	50.05	40.06	14.22	0.12	54.03	32.03	22.00

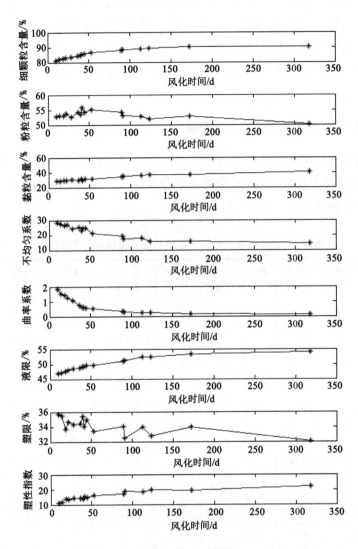

图 4-18　各物理性质与风化时间关系曲线

　　这 16 组正交试验设计工况代表了不同的风化时间,最小风化时间约 10 d,最大风化时间约 318 d,其中有 15 组工况代表的风化时间少于 200 d,可以包含煤系土自然风化的主要过程,具有一定的统计意义。

　　从图 4-18 中可以看出,煤系土的细颗粒含量、黏粒含量、液限和塑性指数随着风化时间的增大逐渐增大,不均匀系数、曲率系数、粉粒含量和塑限随风化时间的增大逐渐减小。这个结果与第 2 章中自然风化时间对煤系土物理性质的影响试验结果一致,即细颗粒含量、黏粒含量、液限、塑性指数以及不均匀系数、曲率系数具有明显的单调性,且随着风化时间的增加,各指标均呈逐渐收敛的趋势。第 2 章中自然风化的煤系土在风化 20 d、40 d、80 d 和 160 d 时的物理性质数据虽然也能反映这个特点,但并不明显,这也体现了建立模拟风化试验方法的必要性。

4.2.3 煤系土强度指标变化规律

根据 3.3 节中建立的煤系土仿真模拟试验影响因素与暴露风化时间关系式(3-41),对正交试验设计工况制备的 16 组不同风化时间煤系土,通过常规三轴固结不排水(CU)剪切试验,获取不同风化时间煤系土的抗剪强度指标,其中总黏聚力、总内摩擦角以及有效黏聚力和有效内摩擦角等指标见表 4-4 和图 4-19。

表 4-4　正交试验设计工况下煤系土风化时间与抗剪强度指标

试验编号	风化时间/d	总黏聚力/kPa	总内摩擦角/(°)	有效黏聚力/kPa	有效内摩擦角/(°)
1	9.93	12.0	9.0	7.7	15.1
2	18.90	14.2	8.3	8.2	14.6
3	28.78	16.8	8.0	8.4	13.8
4	39.82	19.5	7.8	9.8	12.6
5	13.79	13.2	8.7	7.9	14.9
6	36.63	18.5	7.9	8.9	13.7
7	53.54	20.9	7.3	11.3	12.1
8	89.56	21.4	6.9	13.4	11.1
9	21.78	15.0	8.1	8.4	14.4
10	41.26	20.2	7.6	9.9	12.4
11	113.40	23.8	6.9	15.0	10.6
12	172.48	24.1	6.6	16.9	9.6
13	44.57	20.2	7.5	10.1	12.1
14	91.61	22.2	7.0	14.3	11.1
15	124.07	23.9	6.6	15.2	10.4
16	318.16	25.7	6.3	17.9	8.9

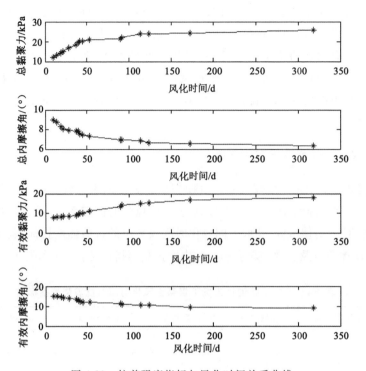

图 4-19　抗剪强度指标与风化时间关系曲线

　　从图 4-19 中可以看出,随着风化时间的增加,煤系土总黏聚力和有效黏聚力逐渐增大,总内摩擦角和有效内摩擦角逐渐减小,这与图 4-17 中自然风化煤系土在 20 d、40 d、80 d 和 160 d 时的抗剪强度指标数据变化规律基本一致。从图 4-19 中可知,煤系土抗剪强度指标在风化 320 d 内的时间可分为三个阶段:第一阶段,风化时间小于 40 d,变化较大;第二阶段,风化 40～120 d,继续变化,但逐渐平缓;第三阶段,风化时间大于 120 d 后,变化平缓。从图 4-19 中比图 4-17 中得到更多的关于煤系土抗剪强度指标变化规律,这是在数据量较小时无法获取的。

4.3　独立分量分析回归方法

　　分析煤系土抗剪强度指标风化演变规律并建立相应的演变关系式,一般情况下考虑根据试验结果直接建立抗剪强度指标随风化时间变化的拟合关系式,这种方法需要根据抗剪强度指标演变规律假定一个数学模型,通过拟合的手段确定模型中的未知系数。然而所假定的、仅一个变量的模型受到认知水平的限制,如未知数据的定性预测、多种数学方程的比选等,都给单变量的建模带来较大的偶然误差。因此考虑选择煤系土风化过程物理性质指标为过渡变量建立多元回归模型以减小单变量情况的偶然误差,进而建立煤系土抗剪强度指标的演变关系式,分析其演变规律。

为研究煤系土抗剪强度指标风化演变规律并建立相应的模型,考虑传统建模方法的不足,引入独立分量分析(ICA)这一信号处理的新方法。本节首先分析 ICA 的基本原理和主要算法,然后根据研究目的选择基于独立分量分析的回归方法建立强度指标演变关系式。

4.3.1　独立分量分析原理

独立分量分析(ICA)是在盲源分离技术(BSS)基础上发展起来的处理多维数据的一种新方法,近年来在信号数据处理方面受到广泛关注。ICA 是针对试验数据,通过建立目标函数运用优化算法分解试验数据,得到相互独立的源数据,具有较强的物理意义。

ICA 的一般表示是:设 n 个独立的影响因素的源数据 $s_i(t)$ 组成一个 n 维矢量,$i=1,2,\cdots,n$,$\boldsymbol{S}(t)=[s_1(t),\cdots,s_i(t),\cdots,s_n(t)]$。其经混合矩阵 $\boldsymbol{A}$ 线性组合成 m 维的试验数据矢量 $\boldsymbol{X}(t)$,$\boldsymbol{A}$ 是 $m\times n$ 矩阵,$\boldsymbol{X}(t)=[x_1(t),\cdots,x_j(t),\cdots,x_m(t)]$,$j=1,2,\cdots,m$,则:

$$\boldsymbol{X}(t)=\boldsymbol{A}\boldsymbol{S}(t) \tag{4-11}$$

除已知 $s_i(t)$ 相互独立外,没有关于 $\boldsymbol{S}(t)$ 和 $\boldsymbol{A}$ 的其他先验知识,此时求解一个 $n\times m$ 的解混矩阵 $\boldsymbol{W}$,使得 $\boldsymbol{X}(t)$ 经过 $\boldsymbol{W}$ 混合得到数据是独立源数据的最佳逼近,$\boldsymbol{Y}(t)$ 可表示为式(4-12),即 $\boldsymbol{Y}(t)$ 是 $\boldsymbol{S}(t)$ 的最佳逼近,$\boldsymbol{Y}(t)=[y_1(t),y_2(t),\cdots,y_n(t)]$,则:

$$\boldsymbol{Y}(t)=\boldsymbol{W}\boldsymbol{X}(t) \tag{4-12}$$

ICA 原理图如图 4-20 所示。

4.3.2　FastICA 算法

FastICA 算法由芬兰学者 Aapo Hyvarinen[98-99] 在 1997 年提出,经过 1999 年和 2001 年两次改进和简化,应用变得较为成熟。该算法是基于负熵最大化作为非高斯性度量判据确定的目标函数,采用牛顿迭代原理进行计算,具有收敛速度快的优点,因此又被称为快速 ICA(FastICA)算法。FastICA 算法的主

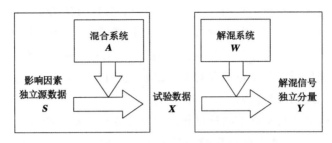

图 4-20　独立分量分析原理图

要步骤如下[174]：

步骤一：中心化。

试验数据中心化能够保证在混合矩阵 A 和解混矩阵 W 不发生变化时大大简化计算过程。先计算 m 维试验数据 X 各矢量 $x_j(t)$ 的均值，然后从每个矢量数据中减去均值，使各矢量 $x_j(t)$ 均值等于 0。

步骤二：白化。

白化又称为球化。根据概率论知识，两个变量相互独立一定不相关，但是不相关不一定独立[175]。因此提取独立分量时首先需要去除变量间的相关性，白化处理可以实现这个目的。白化变化如式(4-13)所示：

$$Z = \Lambda^{-\frac{1}{2}} U^{\mathrm{T}} X = QX \tag{4-13}$$

式中，Z 为白化数据，其均值为 0 且满足 $E\{ZZ^{\mathrm{T}}\} = I$（I 为单位矩阵）；Λ 是协方差矩阵 $E\{XX^{\mathrm{T}}\}$ 的特征值对角矩阵；U 是与 Λ 对应的特征矩阵；Q 称为白化矩阵。

步骤三：随机向量。

设共有 n 个独立分量，解混矩阵 W 为 $n \times m$ 矩阵。令 $p = 1$，任意取一个 $m \times 1$ 的列向量 W_p，要求其范数为 1，即

$$\frac{W_p}{\| W_p \|_2} = 1 \tag{4-14}$$

步骤四：迭代。

采用牛顿迭代法计算目标函数式的最大值，取表 1-1 中的非线性函数为：

$$F(Y) = \frac{1}{a_1} \log \cosh a_1 y \tag{4-15}$$

其中取 $a_1 = 1$，设迭代次数为 I_t，经简化[87]并根据表 1-1 得到迭代公式：

$$W_p(I_t+1)=E\{Zf[W_p^{\mathrm{T}}(I_t)Z]\}-E\{f'[W_p^{\mathrm{T}}(I_t)Z]\}W_p(I_t) \qquad (4\text{-}16)$$

步骤五：正交化。

为了保证每次提取出的独立分量都是未曾提取过的，需要在提取新的独立源信号时做正交化处理，以去掉提取过的分量。本书采用 Gram-Schmidt 正交分解法进行正交化处理，以 $\langle\bm{\cdot},\bm{\cdot}\rangle$ 表示内积，则正交化处理公式为：

$$W_p(I_t+1) \leftarrow W_p(I_t+1)-\sum_{j=1}^{p-1}\langle W_p(I_t+1),W_j\rangle W_j \qquad (4\text{-}17)$$

步骤六：归一化。

将向量 $W_p(I_t+1)$ 利用下式进行归一化处理：

$$W_p(I_t+1) \leftarrow \frac{W_p(I_t+1)}{\parallel W_p(I_t+1)\parallel_2} \qquad (4\text{-}18)$$

最后，判断 $\parallel W_p(I_t+1)\parallel_2$ 是否收敛，若未收敛（大于一个极小值，本书取 0.000 01），则迭代次数加 1，回到步骤四继续迭代；若已经收敛（小于等于 0.000 01），则令 p 加 1，回到步骤三，解混矩阵的下一个分量，直至得到解混矩阵 W。

步骤七：得到解混信号。

解混信号 Y 为：

$$Y=WZ \qquad (4\text{-}19)$$

根据上述步骤，绘制 FastICA 算法流程图，如图 4-21 所示，并利用 MATLAB 软件编制 ICA 计算程序。

4.3.3　独立分量回归

数据分析的主要目的是希望通过合理的数学统计方法预测具体的物理指标的发展规律，本书基于 ICA 获取物理指标试验数据的独立源数据，进一步建立回归模型来达到预测煤系土的力学性质指标的目的。基于 ICA 的回归方法称为独立分量回归（ICR），现阶段已有学者从不同的角度出发建立了相应的 ICR 方法。由于独立源的数据去除了向量间的相关性和共线性，本书根据 Kwak 等[176]提出的降维处理结合 ICR 模型方法的思想，提出 PCA 降维，首先对煤系土物理性质指标采用 PCA 降维处理，然后通过 ICA 方法获得物理性质指标主成分的独立源数据，最后将独立分量直接应用到多元线性回归分析中。

本书采用 ICR 方法建立回归关系式时，当试验数据维度较高时，首先基于 PCA 数据处理方法实现降维，然后通过 ICA 分析、线性回归等步骤建立数学关

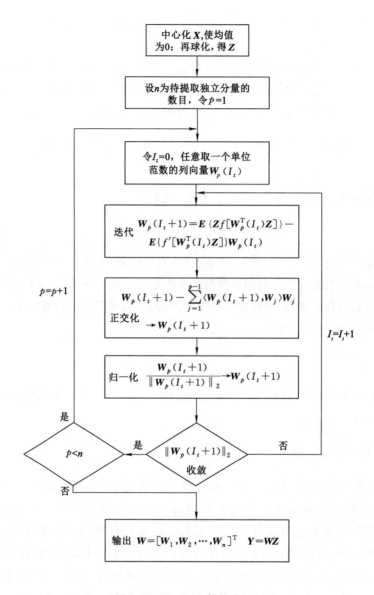

图 4-21　FastICA 算法流程图

系式;当试验数据维度较低时,可跳过 PCA 降维步骤,直接进行 ICA 分析。ICR 方法如下:

4.3.3.1　PCA 降维

　　设共有 m 个物理性质指标随煤系土风化时间增大而变化,其中每个指标包

含 N 个风化时间样本,指标试验数据可写成 m 维矩阵 $\boldsymbol{X}(t)=[x_1(t),\cdots,$ $x_j(t),\cdots,x_m(t)]$。现在需要将这个 m 维数据降维至 m' 维,则 PCA 对试验数据降维过程的主要步骤如下[177]。

步骤一:中心化处理,即将各维数据去均值使得 $x_j(t)$ 的均值等于 0。

步骤二:计算 $\boldsymbol{X}$ 的 m 维数据间的相关系数矩阵 $\boldsymbol{R}$,即

$$\boldsymbol{R}=\begin{bmatrix} r_{11} & r_{12} & \cdots & r_{1m} \\ r_{21} & r_{22} & \cdots & r_{2m} \\ \vdots & \vdots & \ddots & \vdots \\ r_{m1} & r_{m2} & \cdots & r_{mm} \end{bmatrix} \tag{4-20}$$

式中,$\boldsymbol{R}$ 的第 i 行第 j 列元素 r_{ij} 为原始数据 $\boldsymbol{X}$ 的 $x_i(t)$ 与 $x_j(t)$ 的相关系数,则

$$r_{ij}=r_{ji}=\frac{\sum_{k=1}^{N}(x_{ik}-\overline{x}_i)(x_{jk}-\overline{x}_j)}{\sqrt{\sum_{l=1}^{N}(x_{il}-\overline{x}_i)^2\sum_{l=1}^{N}(x_{jl}-\overline{x}_j)^2}} \tag{4-21}$$

式中,$\overline{x}_i$ 和 $\overline{x}_j$ 分别为 $x_i(t)$ 和 $x_j(t)$ 的平均值;x_{il} 为 $x_i(t)$ 中第 l 个指标值;x_{jl} 为 $x_j(t)$ 中第 l 个指标值。

步骤三:计算相关矩阵 $\boldsymbol{R}$ 的 m 个特征值,即 $\lambda_1>\lambda_2>\cdots>\lambda_m>0$,然后计算各特征值对应的特征向量 $e_1,e_2,\cdots,e_m$。

步骤四:计算方差贡献率,即

$$\alpha_k=\frac{\lambda_k}{\sum_{j=1}^{m}\lambda_j} \tag{4-22}$$

并将 α_k 由大到小排序,当前 m' 个成分的方差贡献率累计值大于一个阈值时[178](一般该阈值取 85%～99%),即

$$\alpha_{\text{sum}}=\sum_{k=1}^{m'}\alpha_k>\text{阈值} \tag{4-23}$$

则认为这 m' 个主要成分的特征值和特征向量反映原数据的最重要的特征信息,可以舍去其余 $(m-m')$ 个特征值和特征向量,实现降维。

步骤五:计算主成分载荷。

设提取出来的 m' 个主要成分分别为 $z_{x1},z_{x2},\cdots,z_{xm'}$,即主成分矩阵 $\boldsymbol{Z}_X$ 可表示成:

$$\boldsymbol{Z}_X = [z_{x1}, z_{x2}, \cdots, z_{xm'}] \tag{4-24}$$

$\boldsymbol{Z}_X$ 特征值为 $\lambda_1 > \lambda_2 > \cdots > \lambda_{m'}$，可确定其分别对应的特征向量为 $\boldsymbol{e}_1, \boldsymbol{e}_2, \cdots,$ $\boldsymbol{e}_m{}'$，然后计算试验数据的 m 个分量在 m' 个主成分上的载荷矩阵 $\boldsymbol{P}$。载荷矩阵第 k 行第 j 列元素 p_{kj} 可用下式计算：

$$p_{kj} = \sqrt{\lambda_k} e_{kj} \tag{4-25}$$

式中，$k = 1, 2, \cdots, m', j = 1, 2, \cdots, m, e_{kj}$ 为特征向量 $\boldsymbol{e}_k$ 的第 j 个分量。则主成分与试验数据间存在以下关系：

$$\boldsymbol{Z}_X(t) = \boldsymbol{P}\boldsymbol{X}(t) \tag{4-26}$$

4.3.3.2　ICA 处理

用 FastICA 算法求主成分 $\boldsymbol{Z}_X$ 的解混信号 $\boldsymbol{Y}$（当试验数据 $\boldsymbol{X}$ 维度较低时，可直接求 $\boldsymbol{X}$ 的解混信号）：

$$\boldsymbol{Y} = \boldsymbol{WQ}[\boldsymbol{Z}_X - E(\boldsymbol{Z}_X)] \tag{4-27}$$

式中，$E(\boldsymbol{Z}_X)$ 表示 $\boldsymbol{Z}_X$ 均值，$\boldsymbol{Q}$ 为 $\boldsymbol{Z}_X - E(\boldsymbol{Z}_X)$ 的白化矩阵。

4.3.3.3　确定回归系数

建立抗剪强度指标 C 与物理性质指标主成分的解混信号 $\boldsymbol{Y}$ 的 n 个分量间的多元线性回归模型，并利用最小二乘法求解系数矩阵 $\boldsymbol{D}$：

$$C = d_0 + d_1 y_1 + d_2 y_2 + \cdots + d_n y_n \tag{4-28}$$

$$\boldsymbol{D} = [d_0, d_1, \cdots, d_n]^{\mathrm{T}} \tag{4-29}$$

设抗剪强度指标与主成分存在多元线性回归模型，即

$$C = b_0 + b_1 z_{x1} + b_2 z_{x2} + \cdots + b_{m'} z_{xm'} \tag{4-30}$$

式中，$b_0, b_1, \cdots, b_m$ 为待定系数。则联立式(4-27)~式(4-30)，得如式(4-31)所示的系数矩阵：

$$\begin{cases} b_0 = d_0 - \sum_{i=1}^{n} \left[\sum_{k=1}^{m'} (w_{ik} \bar{z}_{xk} d_i) \right] \\ b_1 = w_{11} d_1 + w_{21} d_2 + \cdots + w_{n1} d_n \\ \vdots \\ b_{m'} = w_{1m'} d_1 + w_{2m'} d_2 + \cdots + w_{nm'} d_n \end{cases} \tag{4-31}$$

式中，$\bar{z}_{xk}$ 为 $\boldsymbol{Z}_X$ 各分量的均值。进而以式(4-26)代入式(4-30)得到抗剪强度指标与煤系土物理性质指标的关系。

4.4 煤系土强度指标演变关系式

本节将基于仿真模拟风化获取的 16 组煤系土试样物理力学性质指标,根据上述 ICR 方法原理及计算步骤,分别建立重塑煤系土抗剪强度指标与 8 个主要物理指标和敏感指标的演变关系式。

4.4.1 煤系土物理指标的 PCA 降维

通过对 16 组正交试验设计工况的物理力学性质试验结果分析,将物理性质和抗剪强度指标按自然风化的时间增序排列,以图 4-18 中 8 个煤系土主要物理性质指标为原始数据,图 4-19 中抗剪强度指标为目标数据,设煤系土物理性质在 16 个风化时间下的指标集为矩阵 X,抗剪强度指标集为 C,则:

$$X(T) = [x_1(T), x_2(T), \cdots, x_7(T), x_8(T)] \qquad (4\text{-}32)$$

$$C = [c_{cu}(T), \varphi_{cu}(T), c_{cu}'(T), \varphi_{cu}'(T)] \qquad (4\text{-}33)$$

式中,T 为 16 组工况表示的风化时间由小到大组成的时间矢量;$x_1 \sim x_8$ 依次表示细颗粒含量、粉粒含量、黏粒含量、不均匀系数、曲率系数、液限、塑限、塑性指数;$c_{cu}, \varphi_{cu}, c_{cu}', \varphi_{cu}'$ 依次表示煤系土总黏聚力、总内摩擦角、有效黏聚力和有效内摩擦角。

采用 ICR 方法建立煤系土抗剪强度演变关系式,首先采用 PCA 降维方法,获取主要成分,然后运用 ICA 方法去除主要成分的相关性和多重共线性,得到主要成分的独立源分量,最后采用多元线性回归模型和最小二乘法建立抗剪强度指标与独立源分量的回归方程。

根据 PCA 降维分析方法和步骤,可编制相应的 MATLAB 程序进行计算。

4.4.1.1 相关系数矩阵及其特征值

首先计算物理性质指标矩阵 X 各分量均值,见表 4-5。

表 4-5 物理性质指标均值

指标	$\overline{x}_1$	$\overline{x}_2$	$\overline{x}_3$	$\overline{x}_4$	$\overline{x}_5$	$\overline{x}_6$	$\overline{x}_7$	$\overline{x}_8$
均值	85.78	53.32	32.46	22.07	0.72	49.94	34.08	15.86

然后将各分量去均值、中心化,并根据式(4-20)和(4-21)计算上述 8 个物理性质指标的相关关系,得相关系数矩阵 R:

$$R = \begin{bmatrix} 1 & -0.264\,1 & 0.935\,0 & -0.967\,9 & -0.952\,9 & 0.975\,8 & -0.738\,6 & 0.957\,5 \\ & 1 & -0.588\,1 & 0.454\,1 & 0.086\,7 & -0.434\,4 & 0.395\,7 & -0.449\,3 \\ & & 1 & -0.977\,1 & -0.831\,2 & 0.978\,1 & -0.765\,4 & 0.968\,4 \\ & & & 1 & 0.891\,1 & -0.974\,8 & 0.779\,4 & -0.970\,8 \\ & & & & 1 & -0.908\,4 & 0.668\,4 & -0.884\,7 \\ & & & & & 1 & -0.730\,0 & 0.971\,9 \\ & & & & & & 1 & -0.870\,3 \\ & & & & & & & 1 \end{bmatrix}$$

由相关系数矩阵 R 计算其 8 个特征值 $\lambda_1 > \lambda_2 > \cdots > \lambda_8 > 0$，得特征值对角阵：

$$\mathrm{diag}(\lambda_1, \cdots, \lambda_8) = \mathrm{diag}[6.549\,0 \quad 1.002\,8 \quad 0.377\,6 \quad 0.040\,0 \quad 0.025\,7 \quad 0.004\,4 \quad 0.000\,3 \quad 0.000\,0]$$

各特征值对应的特征向量 $e_1, e_2, \cdots, e_8$ 以列向量形式组成特征矩阵 e：

$$e = \begin{bmatrix} 0.378\,8 & -0.214\,0 & -0.145\,4 & -0.351\,4 & -0.035\,7 & -0.534\,3 & -0.615\,9 & 0.000\,0 \\ -0.180\,5 & -0.878\,1 & 0.160\,6 & -0.299\,1 & -0.051\,7 & 0.066\,6 & 0.272\,1 & 0.000\,0 \\ 0.383\,9 & 0.142\,6 & -0.178\,5 & -0.169\,2 & -0.059\,2 & -0.472\,3 & 0.738\,4 & 0.000\,0 \\ -0.386\,0 & 0.007\,6 & 0.117\,2 & 0.286\,4 & -0.765\,4 & -0.410\,4 & -0.030\,7 & 0.000\,0 \\ -0.351\,3 & 0.394\,6 & 0.146\,2 & -0.816\,5 & -0.153\,6 & 0.096\,0 & 0.003\,8 & 0.000\,0 \\ 0.384\,5 & -0.037\,7 & -0.244\,9 & -0.078\,3 & -0.506\,5 & 0.459\,0 & -0.016\,7 & -0.563\,1 \\ -0.324\,3 & -0.075\,2 & -0.899\,2 & -0.043\,3 & -0.031\,0 & 0.074\,3 & 0.000\,9 & 0.268\,9 \\ 0.388\,7 & -0.001\,1 & 0.133\,0 & -0.041\,6 & -0.354\,4 & 0.305\,2 & -0.012\,4 & 0.781\,4 \end{bmatrix}$$

4.4.1.2 方差贡献率

根据式(4-22)和式(4-23)计算主成分的方差贡献率 α_j 及其累积贡献率 α_{sum}，绘制直方分布图和累计曲线，如图 4-22 所示。

本书取主成分累计方差贡献率阈值为 99%，则由图 4-22 可见，煤系土物理性质指标的前 3 个主成分累计贡献率即可达到目标阈值。通过 PCA 降维处理，以降维后的特征值最大的前 3 个主成分分量表征原始 8 个煤系土物理性质指标，舍去特征值小的后 5 个成分，因此仅需要求出 3 个主成分 z_{x1}, z_{x2}, z_{x3}。即主成分矩阵 Z_X 可表示成：

$$Z_X = [z_{x1}(T), z_{x2}(T), z_{x3}(T)] \tag{4-34}$$

4.4.1.3 主成分载荷

主成分 Z_X 特征值为 $\lambda_1 = 6.549\,0, \lambda_2 = 1.002\,8, \lambda_3 = 0.377\,6$，特征向量为 e_1, e_2, e_3，化简式(4-24)为式(4-35)，从而计算原始 8 个物理性质指标在 3 个主

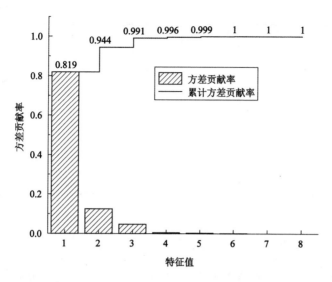

图 4-22　主成分方差贡献率

成分方向的载荷矩阵 $\boldsymbol{P}$：

$$\boldsymbol{P} = \begin{bmatrix} \sqrt{\lambda_1}\,\boldsymbol{e}_1^{\mathrm{T}} & \sqrt{\lambda_2}\,\boldsymbol{e}_2^{\mathrm{T}} & \sqrt{\lambda_3}\,\boldsymbol{e}_3^{\mathrm{T}} \end{bmatrix}^{\mathrm{T}} \tag{4-35}$$

$$\boldsymbol{P} = \begin{bmatrix} 0.969\,4 & -0.461\,9 & 0.982\,4 & -0.987\,8 & -0.899\,1 & 0.983\,9 & -0.830\,0 & 0.994\,8 \\ -0.214\,3 & -0.879\,3 & 0.142\,8 & 0.007\,7 & 0.395\,2 & -0.037\,7 & -0.075\,4 & -0.001\,2 \\ -0.089\,3 & 0.098\,7 & -0.109\,7 & 0.072\,0 & 0.089\,9 & -0.150\,5 & -0.552\,6 & 0.081\,7 \end{bmatrix}$$

则由 3 个主成分与 8 个物理性质指标关系，得到主成分指标数据，见表 4-6。

表 4-6　主成分指标数据

时间/d	主成分 Z_{X1}	主成分 Z_{X2}	主成分 Z_{X3}
9.93	79.98	−63.22	−28.80
13.79	82.98	−63.74	−28.83
18.90	89.37	−63.68	−27.95
21.78	88.17	−64.62	−28.54
28.78	94.84	−63.48	−28.86
36.63	94.55	−65.45	−28.80
39.82	97.27	−64.95	−29.80
41.26	96.33	−67.05	−28.54
44.57	98.35	−65.69	−29.48

表 4-6(续)

时间/d	主成分 Z_{X1}	主成分 Z_{X2}	主成分 Z_{X3}
53.54	105.30	−66.60	−28.83
89.56	113.33	−65.93	−29.93
91.61	120.19	−64.79	−29.36
113.40	121.13	−64.80	−30.48
124.07	127.00	−63.75	−30.11
172.48	127.08	−64.86	−30.94
318.16	137.80	−61.90	−30.49

4.4.2 独立分量分析

在获取煤系土 8 个物理性质指标原始数据的 3 个主成分 Z_X 后,根据 FastICA 算法计算步骤,运用 MATLAB 编制的 FastICA 计算程序,以 PCA 降维后的主成分 Z_X 作为 ICA 处理的观察信号,分析主成分 Z_X 的解混矩阵 W 和解混信号 Y,以便于建立抗剪强度指标与解混信号的多元线性回归方程。

4.4.2.1 中心化与白化

FastICA 算法首先需要对试验数据进行中心化和白化处理。

Z_X 数据各分量的均值分别为 $\overline{z}_{x1} = 104.61$,$\overline{z}_{x2} = -64.66$,$\overline{z}_{x3} = -29.36$,然后求得中心化后的主成分数据的协方差矩阵:

$$E\{Z_X Z_X^T\} = \begin{bmatrix} 289.695 & 2.784 & -11.642 \\ 2.784 & 1.665 & -0.156 \\ -11.642 & -0.156 & 0.680 \end{bmatrix} \quad (4\text{-}36)$$

从而求得协方差矩阵的特征值对角阵 Λ 及其对应的特征矩阵 U,再根据式 (4-37)得白化矩阵 Q:

$$Q = \Lambda^{-\frac{1}{2}} U^T = \begin{bmatrix} 0.086\,8 & 0.066\,8 & 2.174\,5 \\ -0.008\,5 & 0.780\,5 & -0.023\,6 \\ -0.058\,7 & -0.000\,6 & 0.002\,4 \end{bmatrix} \quad (4\text{-}37)$$

最后根据式(4-13)得白化数据 Z,如图 4-23 所示。

4.4.2.2 解混矩阵及解混信号

取解混后的独立数据矢量与主成分数据维度相等,即解混后仍为 3 个维度。根据 FastICA 算法依次进行迭代、正交化和归一化处理,从而求得煤系土

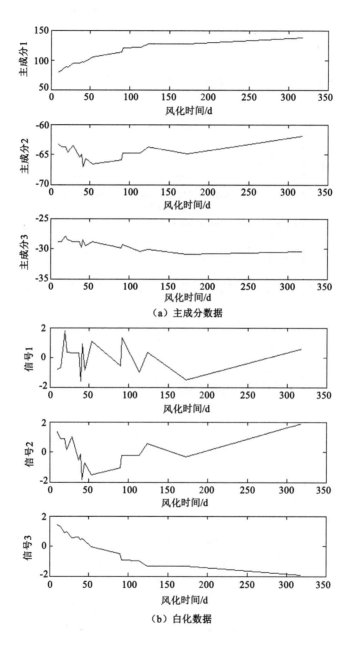

（a）主成分数据

（b）白化数据

图 4-23 主成分及其白化数据

物理性质指标主成分信号的解混矩阵 W。

$$W = \begin{bmatrix} 0.031\ 8 & 0.292\ 9 & 0.955\ 6 \\ -0.999\ 4 & 0.019\ 8 & 0.027\ 2 \\ -0.011 & -0.955\ 9 & 0.293\ 4 \end{bmatrix} \tag{4-38}$$

从而根据式(4-19)计算解混信号 Y，则 Y 数据即为主成分的独立源数据，见图 4-24。

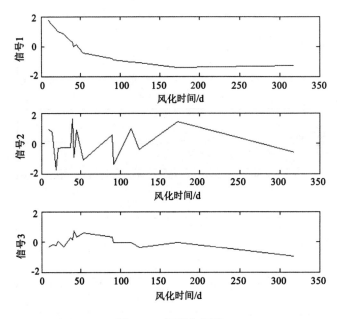

图 4-24　解混信号图

4.4.3　多元回归方程

在获取煤系土原始 8 个物理性质指标的 3 个主成分及其独立分量后，下一步需要分别以 16 组不同风化时间煤系土的 CU 试验获取的抗剪强度指标（总黏聚力 c_{cu}、总内摩擦角 φ_{cu}、有效黏聚力 c_{cu}' 和有效内摩擦角 φ_{cu}'）为因变量，独立源数据的 3 个分量为自变量，采用多元线性模型建立回归方程，即：

$$\begin{cases} c_{cu} = d_{10} + d_{11}y_1 + d_{12}y_2 + d_{13}y_3 \\ \varphi_{cu} = d_{20} + d_{21}y_1 + d_{22}y_2 + d_{23}y_3 \\ c_{cu}' = d_{30} + d_{31}y_1 + d_{32}y_2 + d_{33}y_3 \\ \varphi_{cu}' = d_{40} + d_{41}y_1 + d_{42}y_2 + d_{43}y_3 \end{cases} \tag{4-39}$$

式中,y_1,y_2,y_3 为主成分的独立分量;各 d 为待定系数。则回归模型系数矩阵为:

$$
\begin{cases}
\boldsymbol{D}_1 = \begin{bmatrix} d_{10} & d_{11} & d_{12} & d_{13} \end{bmatrix}^{\mathrm{T}} \\
\boldsymbol{D}_2 = \begin{bmatrix} d_{20} & d_{21} & d_{22} & d_{23} \end{bmatrix}^{\mathrm{T}} \\
\boldsymbol{D}_3 = \begin{bmatrix} d_{30} & d_{31} & d_{32} & d_{33} \end{bmatrix}^{\mathrm{T}} \\
\boldsymbol{D}_4 = \begin{bmatrix} d_{40} & d_{41} & d_{42} & d_{43} \end{bmatrix}^{\mathrm{T}}
\end{cases}
$$

令 $\widetilde{\boldsymbol{Y}} = \begin{bmatrix} 1, \boldsymbol{Y} \end{bmatrix}^{\mathrm{T}}$,则式(4-39)写成矩阵形式为:

$$
\begin{cases}
c_{\mathrm{cu}}(\boldsymbol{T}) = \widetilde{\boldsymbol{Y}} \boldsymbol{D}_1 \\
\varphi_{\mathrm{cu}}(\boldsymbol{T}) = \widetilde{\boldsymbol{Y}} \boldsymbol{D}_2 \\
c_{\mathrm{cu}}{}'(\boldsymbol{T}) = \widetilde{\boldsymbol{Y}} \boldsymbol{D}_3 \\
\varphi_{\mathrm{cu}}{}'(\boldsymbol{T}) = \widetilde{\boldsymbol{Y}} \boldsymbol{D}_4
\end{cases}
\tag{4-40}
$$

与 3.3.1 小节建立煤系土自然风化敏感指标与微波模拟作用煤系土影响因素的回归方程方法同理,采用最小二乘法,得关于未知数 $\boldsymbol{D}$ 的线性方程组,即式(4-39)的系数:

$$
(\widetilde{\boldsymbol{Y}}^{\mathrm{T}} \widetilde{\boldsymbol{Y}}) \boldsymbol{D} = \widetilde{\boldsymbol{Y}}^{\mathrm{T}} C
\tag{4-41}
$$

以图 4-19 和图 4-24 中抗剪强度指标值 C 和独立源信号 $\boldsymbol{Y}$ 代入式(4-41),可求得:

$$
\begin{cases}
c_{\mathrm{cu}} = 19.47 - 3.98 y_1 + 0.11 y_2 - 0.06 y_3 \\
\varphi_{\mathrm{cu}} = 7.53 + 0.75 y_1 + 0.04 y_2 + 0.06 y_3 \\
c_{\mathrm{cu}}{}' = 11.44 - 3.15 y_1 + 0.21 y_2 - 0.97 y_3 \\
\varphi_{\mathrm{cu}}{}' = 12.33 + 1.84 y_1 - 0.15 y_2 + 0.25 y_3
\end{cases}
\tag{4-42}
$$

根据式(4-30),设 c_{cu}、φ_{cu}、$c_{\mathrm{cu}}{}'$ 和 $\varphi_{\mathrm{cu}}{}'$ 分别与主成分 z_{x1},z_{x2},z_{x3} 存在如下关系:

$$
\begin{cases}
c_{\mathrm{cu}} = b_{10} + b_{11} z_{x1} + b_{12} z_{x2} + b_{13} z_{x3} \\
\varphi_{\mathrm{cu}} = b_{20} + b_{21} z_{x1} + b_{22} z_{x2} + b_{23} z_{x3} \\
c_{\mathrm{cu}}{}' = b_{30} + b_{31} z_{x1} + b_{32} z_{x2} + b_{33} z_{x3} \\
\varphi_{\mathrm{cu}}{}' = b_{40} + b_{41} z_{x1} + b_{42} z_{x2} + b_{43} z_{x3}
\end{cases}
\tag{4-43}
$$

式中,各 b 为待定系数。

由式(4-37)和式(4-38)得

$$WQ = \begin{bmatrix} -0.055\,8 & 0.230\,2 & 0.064\,5 \\ -0.088\,5 & -0.051\,3 & -2.173\,6 \\ -0.010\,1 & -0.747\,0 & -0.000\,7 \end{bmatrix} \tag{4-44}$$

则将式(4-42)和式(4-44)代入式(4-31),求得式(4-43)中待定系数,得:

$$\begin{cases} c_{cu} = -73.86 + 0.21z_{x1} - 0.88z_{x2} - 0.49z_{x3} \\ \varphi_{cu} = 19.51 - 0.05z_{x1} + 0.13z_{x2} - 0.04z_{x3} \\ c_{cu}' = -25.77 + 0.17z_{x1} - 0.01z_{x2} - 0.65z_{x3} \\ \varphi_{cu}' = 50.52 - 0.09z_{x1} + 0.24z_{x2} + 0.44z_{x3} \end{cases} \tag{4-45}$$

最后将式(4-35)中 3 个主成分与 8 个物理性质指标载荷关系代入式(4-45),可得到抗剪强度指标与 8 个物理性质指标间的关系:

$$\begin{cases} c_{cu} = -73.86 + 0.44x_1 + 0.62x_2 + 0.14x_3 - 0.25x_4 - 0.58x_5 + \\ \quad 0.32x_6 + 0.16x_7 + 0.17x_8 \\ \varphi_{cu} = 19.51 - 0.07x_1 - 0.10x_2 - 0.02x_3 + 0.04x_4 + 0.09x_5 - \\ \quad 0.04x_6 + 0.05x_7 - 0.05x_8 \\ c_{cu}' = -25.77 + 0.22x_1 - 0.13x_2 + 0.23x_3 - 0.21x_4 - 0.21x_5 + \\ \quad 0.26x_6 + 0.22x_7 + 0.11x_8 \\ \varphi_{cu}' = 50.52 - 0.18x_1 - 0.13x_2 - 0.10x_3 + 0.12x_4 + 0.22x_5 - \\ \quad 0.17x_6 - 0.18x_7 - 0.06x_8 \end{cases} \tag{4-46}$$

4.4.4 简化的抗剪强度指标演变关系式

上文通过 ICR 方法建立了煤系土风化过程抗剪强度指标与 8 个物理性质指标间的演变关系式。虽然以多指标建立的方程准确性更高,但是由于物理指标众多,以物理性质指标为过渡变量进一步分析抗剪强度与风化时间的关系时会有诸多不便。因此为便于应用,基于前文敏感性分析理念确定的敏感指标代替全部 8 个物理性质指标为原始数据进行分析,采用 ICR 方法,建立简化的煤系土抗剪强度演变关系式。

由于仅 3 个敏感指标,变量较少,因此不再进行 PCA 降维处理。简化的抗剪强度指标演变关系式建立过程分为 ICA 分析和多元回归两个步骤。

4.4.4.1 独立分量分析

以不均匀系数 C_u、黏粒含量 η_3 和塑性指数 I_p 作为 ICA 处理的试验观察

数据,设

$$\boldsymbol{\Psi} = \left[C_{\mathrm{u}}(\boldsymbol{T}), \eta_3(\boldsymbol{T}), I_{\mathrm{p}}(\boldsymbol{T})\right] \tag{4-47}$$

从而根据 FastICA 算法计算步骤,运用 MATLAB 编制的 FastICA 计算程序,分析 $\boldsymbol{\Psi}$ 的解混矩阵W_{Ψ}和解混信号 Y_{Ψ}。

$\boldsymbol{\Psi}$ 数据各分量的均值分别为$\overline{C}_{\mathrm{u}}=22.07,\overline{\eta}_3=32.47,\overline{I}_{\mathrm{p}}=15.86$,然后求得中心化后的观察信号的协方差矩阵:

$$\boldsymbol{E}\{\boldsymbol{\Psi}\boldsymbol{\Psi}^{\mathrm{T}}\} = \begin{bmatrix} 20.643 & -15.559 & -13.087 \\ -15.559 & 12.292 & 10.070 \\ -13.087 & 10.070 & 8.793 \end{bmatrix} \tag{4-48}$$

则根据式(4-13)得式(4-48)的白化矩阵Q_{Ψ}和敏感指标的白化数据(见图4-25):

$$\boldsymbol{Q}_{\Psi} = \begin{bmatrix} 0.035\ 5 & 1.161\ 8 & -1.326\ 2 \\ 1.160\ 7 & 0.855\ 7 & 0.780\ 6 \\ -0.110\ 2 & 0.084\ 6 & 0.071\ 2 \end{bmatrix} \tag{4-49}$$

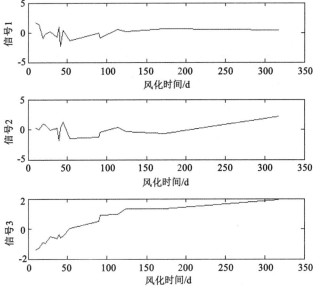

图 4-25　敏感指标白化数据

与前文一致,取解混后的独立数据与主成分数据维度相等,即解混后仍为3个数据维度。根据 FastICA 算法依次进行迭代、正交化和归一化处理,从而求得敏感指标的解混矩阵$\boldsymbol{W}_\Psi$。

$$\boldsymbol{W}_\Psi = \begin{bmatrix} -0.088\ 6 & -0.849\ 1 & -0.520\ 8 \\ 0.064\ 8 & -0.526\ 7 & 0.847\ 6 \\ -0.994\ 0 & 0.041\ 4 & 0.101\ 7 \end{bmatrix} \qquad (4\text{-}50)$$

从而根据式(4-19)计算独立数据$\boldsymbol{Y}_\Psi$。$\boldsymbol{Y}_\Psi$敏感指标的解混信号见图4-26。

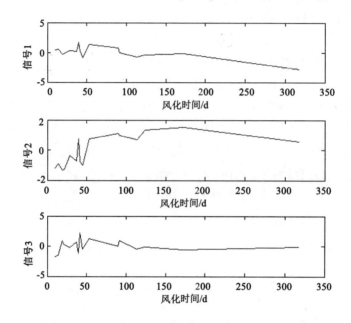

图4-26　敏感指标解混信号图

4.4.4.2　多元回归方程

分别以16组不同风化时间煤系土的CU试验获取的抗剪强度指标(总黏聚力c_{cu}、总内摩擦角φ_{cu}、有效黏聚力$c_{cu}{}'$和有效内摩擦角$\varphi_{cu}{}'$)为因变量,敏感指标解混信号的3个分量为自变量,以图4-19和图4-26中抗剪强度指标值与解混信号$\boldsymbol{Y}_\Psi$各分量,采用多元线性模型建立回归方程,可求得:

$$\begin{cases} c_{cu} = 19.47 - 1.65y_{\Psi1} + 3.30y_{\Psi2} + 1.04y_{\Psi3} \\ \varphi_{cu} = 7.55 + 0.35y_{\Psi1} - 0.62y_{\Psi2} - 0.23y_{\Psi3} \\ c_{cu}{}' = 11.44 - 1.79y_{\Psi1} + 2.76y_{\Psi2} + 0.20y_{\Psi3} \\ \varphi_{cu}{}' = 12.33 + 0.90y_{\Psi1} - 1.56y_{\Psi2} - 0.28y_{\Psi3} \end{cases} \qquad (4\text{-}51)$$

由式(4-37)和式(4-38)得

$$WQ = \begin{bmatrix} -0.931\ 3 & -0.873\ 5 & -0.582\ 4 \\ -0.702\ 5 & -0.303\ 7 & -0.436\ 8 \\ 0.001\ 6 & -1.110\ 8 & 1.357\ 8 \end{bmatrix} \tag{4-52}$$

设 c_{cu}、φ_{cu}、$c_{cu}{}'$ 和 $\varphi_{cu}{}'$ 分别与敏感指标不均匀系数 C_u、黏粒含量 η_3 和塑性指数 I_p 存在如下关系：

$$\begin{cases} c_{cu} = \beta_{10} + \beta_{11}C_u + \beta_{12}\eta_3 + \beta_{13}I_p \\ \varphi_{cu} = \beta_{20} + \beta_{21}C_u + \beta_{22}\eta_3 + \beta_{23}I_p \\ c_{cu}{}' = \beta_{30} + \beta_{31}C_u + \beta_{32}\eta_3 + \beta_{33}I_p \\ \varphi_{cu}{}' = \beta_{40} + \beta_{41}C_u + \beta_{42}\eta_3 + \beta_{43}I_p \end{cases} \tag{4-53}$$

式中,各 β 值为待定系数。将式(4-51)和式(4-52)代入式(4-31),求得式(4-53)中待定系数,得：

$$\begin{cases} c_{cu} = 45.19 - 0.78C_u - 0.72\eta_3 + 0.93I_p \\ \varphi_{cu} = 4.41 + 0.11C_u + 0.15\eta_3 - 0.25I_p \\ c_{cu}{}' = -0.47 - 0.27C_u + 0.50\eta_3 + 0.11I_p \\ \varphi_{cu}{}' = 10.26 + 0.26C_u - 0.002\eta_3 - 0.22I_p \end{cases} \tag{4-54}$$

4.5　演变关系式的验证

针对建立煤系土抗剪强度指标与 8 个主要物理指标的演变关系式及与敏感指标的简化演变关系式,本节将两个关系式进行对比,分析二者与试验值的误差。另一方面,基于 ICR 方法建立的煤系土在风化过程中抗剪强度指标演变规律表达式,可以从两个方面对其可靠性进行验证:一是回归方程的检验,即对演变规律表达式中 c_{cu}、φ_{cu}、$c_{cu}{}'$ 和 $\varphi_{cu}{}'$ 的回归方程和回归方程系数进行相关性和显著性检验;二是以自然暴露条件下煤系土的抗剪强度指标值与演变模型计算值进行对比分析验证。

4.5.1　强度指标演变关系式与简化关系式对比

抗剪强度演变关系式以及简化关系式与图 4-19 中仿真试验直接获取的结果的比较情况,分别如图 4-27 和图 4-28 所示。

从图 4-27 和图 4-28 中可以看出,基于 ICR 建立抗剪强度指标演变关系式

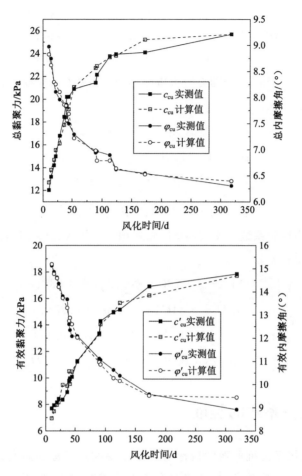

图 4-27　抗剪强度指标演变关系式拟合曲线

计算出的抗剪强度指标与仿真试验结果误差均较小。为定量分析误差情况,首先计算演变关系式与仿真试验值的最大误差和平均误差,然后采用表 3-11 中的回归方程统计信息的计算公式,分别计算演变关系式以及简化的演变关系式的残差均方。其中抗剪强度指标演变关系式的待定系数共 9 个,即 8 个物理性质指标系数和常数项;简化的抗剪强度指标演变关系式的待定系数共 4 个,即 3 个敏感指标系数和常数项。残差自由度为 df_e,设抗剪强度指标的关系式计算值为 $\hat{C}$,仿真试验实测值为 C,则

平均误差为:

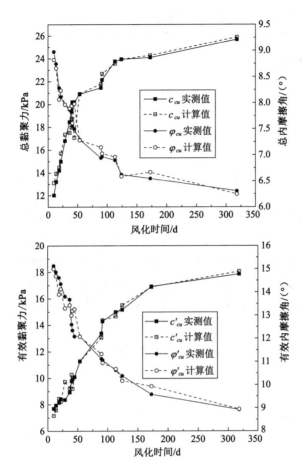

图 4-28　简化抗剪强度指标演变关系式拟合曲线

$$\overline{se} = \frac{\sum\limits_{i=1}^{16} |C_i - \hat{C}_i|}{16} \tag{4-55}$$

最大误差为：

$$se_{\max} = \max |C_i - \hat{C}_i| \tag{4-56}$$

残差均方为：

$$MS_e = \frac{\sum\limits_{i=1}^{16} (C_i - \hat{C}_i)^2}{df_e} \tag{4-57}$$

计算结果见表 4-7。

表 4-7　误差统计量计算结果

模型	统计量	c_{cu}	φ_{cu}	$c_{cu}{'}$	$\varphi_{cu}{'}$
强度指标演变 关系式	$\overline{se}$	0.7	0.1	0.4	0.2
	se_{max}	1.3	0.2	1.1	0.5
	MS_e	1.4	0.0	0.6	0.2
简化的强度指标演变 关系式	$\overline{se}$	1.0	0.1	0.4	0.4
	se_{max}	3.1	0.5	1.4	1.2
	MS_e	2.3	0.0	0.4	0.3

从表 4-7 中可以发现,抗剪强度指标演变关系式的平均误差和最大误差均较简化关系式小,表明简化关系式的准确性比采用 8 个物理性质指标建立的关系式差,但两个关系式的误差统计量均较小,能够满足准确性的要求。考虑简化关系式仅需要 3 个物理指标值,计算相对简便,因此一般情况下可以优先采用简化的抗剪强度演变关系式。下文如无特殊说明,风化过程煤系土抗剪强度演化表达式均指抗剪强度指标与敏感指标的演化关系式。

因此在选用简化关系式时,将煤系土敏感指标风化过程演变关系式(2-3)~式(2-5)代入式(4-54),可得到煤系土风化过程抗剪强度指标演变规律:

$$\begin{cases} c_{cu} = 27.97 - 12.85e^{-\frac{T}{92.45}} + 9.63e^{-\frac{T}{110.72}} - 12.17e^{-\frac{T}{104.84}} \\ \varphi_{cu} = 6.01 + 1.81e^{-\frac{T}{92.45}} - 2.01e^{-\frac{T}{110.72}} + 3.27e^{-\frac{T}{104.84}} \\ c_{cu}{'} = 18.77 - 4.45e^{-\frac{T}{92.45}} - 6.69e^{-\frac{T}{110.72}} - 1.44e^{-\frac{T}{104.84}} \\ \varphi_{cu}{'} = 8.36 + 4.28e^{-\frac{T}{92.45}} + 0.03e^{-\frac{T}{110.72}} + 2.88e^{-\frac{T}{104.84}} \end{cases} \tag{4-58}$$

4.5.2　回归方程检验

回归方程的检验中,首先通过分析在基于最小二乘法确定系数时的解矩阵的条件数,以判断所求待定系数的数值稳定性,然后从 R 检验和 F 检验两个方面对 ICR 方法建立的回归方程进行可靠性和显著性检验。而根据式(3-31),t 检验是根据最小二乘法的计算过程构造统计量,因此对基于 ICR 方法建立的抗剪强度演变关系式不再进行 t 检验。

4.5.2.1　数值稳定性

在基于 ICR 方法建立抗剪强度指标演变关系式以及简化的抗剪强度指标

演变关系式时，均采用所获取的独立源信号作为自变量，在确定其待定系数时采用最小二乘法得到以待定系数为未知数的线性方程组［如式(4-41)］。根据数值分析知识[169]，由于试验数据存在一定的变动范围，当未知数的系数矩阵条件数越大时，试验数据的变动为待定系数的确定带来更大的误差。

在 ICA 过程中，所获取的解混信号经过了正交化和归一化处理，因此以待定系数为未知数的线性方程组的系数矩阵的条件数恒等于 1，即式(4-41)中 $\mathrm{cond}(\widetilde{\boldsymbol{Y}}^{\mathrm{T}}\widetilde{\boldsymbol{Y}})\equiv 1$，表明此时获取的待定系数数值最稳定。

若直接建立煤系土抗剪强度指标与物理性质指标的多元线性回归方程，当取 8 个物理性质指标为自变量和取 3 个敏感指标为自变量时，其以待定系数为未知数的线性方程组的系数矩阵条件数分别为 8.01×10^{16} 和 8.33×10^{6}，表明方程病态性严重，所求系数的数值稳定性较差，分析原因是物理性质间存在较为明显的多重共线性，不适合直接建立煤系土抗剪强度指标与物理性质指标的多元线性回归方程，这也表明了 ICR 方法的优越性。

4.5.2.2　R 检验

为检验回归关系式的拟合优度，采用 R 检验相关系数进行判断。根据式(3-28)和式(3-29)，计算煤系土抗剪强度指标演变关系式(4-46)以及简化的演变关系式(4-58)的相关系数 R^2 和修正相关系数 $\widetilde{R}^2$。R 检验计算结果如表 4-8 所示。

表 4-8　演变关系式 R 检验计算结果

模型	指标	c_{cu}	φ_{cu}	$c_{cu}{}'$	$\varphi_{cu}{}'$
抗剪强度指标演变关系式	R^2	0.963 7	0.983 3	0.980 2	0.978 7
	$\widetilde{R}^2$	0.919 1	0.959 6	0.952 3	0.952 5
简化的抗剪强度指标演变关系式	R^2	0.928 0	0.958 7	0.971 9	0.930 9
	$\widetilde{R}^2$	0.900 6	0.936 6	0.964 0	0.914 4

由表 4-8 中 R 检验计算结果可知，两种模型的 $\widetilde{R}^2$ 和 R^2 的最小值均是在关于总黏聚力的回归方程中产生，采用 8 个物理性质指标建立的回归方程的 R^2 均大于 0.96，$\widetilde{R}^2$ 较 R^2 略有降低，但仍大于 0.91；采用敏感指标建立的简化关系式 R^2 和 $\widetilde{R}^2$ 均大于 0.90。R 检验计算结果表明煤系土抗剪强度指标演变关

系式 $\tilde{R}^2$ 和 R^2 均较接近 1,拟合效果较好。

4.5.2.3　F 检验

所建立的抗剪强度指标演变关系式中物理性质指标与抗剪强度指标回归关系是否显著,通过 F 检验进行判断。根据式(3-30),F 检验计算结果见表4-9。

表 4-9　演变关系式 F 检验计算结果

模型	c_{cu}	φ_{cu}	$c_{cu}{}'$	$\varphi_{cu}{}'$
抗剪强度指标演变关系式	22.33	45.61	38.54	38.64
简化的抗剪强度指标演变关系式	34.63	75.63	134.86	54.35

取显著水平 $\alpha = 0.01$,查 F 分布表,$F_{0.01}(8,7) = 6.84$,$F_{0.01}(3,12) = 5.95$,而表4-9中 F 统计值远大于 6.84 和 5.95,说明基于 ICR 建立的演变关系式中抗剪强度指标与 8 个物理指标或 3 个敏感指标间关系显著的可能性大于 99%。

以上几项分析表明基于 ICR 方法建立的抗剪强度演变关系式具有较高的数值稳定性,且采用 8 个物理指标和 3 个敏感指标建立的回归方程拟合优度均较高,回归关系显著。

4.5.3　与自然风化结果对比分析

对基于 ICR 建立的煤系土抗剪强度指标风化演变关系式进行验证,将自然风化 20 d、40 d、80 d 和 160 d 煤系土的物理性质指标分别代入式(4-46)和式(4-54),计算结果与实际值对比情况如表 4-10 所示。

表 4-10　演变关系式预测结果与实际值对比情况

抗剪强度指标		风化时间/d				
		0	20	40	80	160
c_{cu}/kPa	实际值	11.56	14.96	19.83	21.26	24.05
	演变关系式	12.54	15.53	18.22	21.58	25.13
	简化的演变关系式	12.15	16.03	18.99	21.35	24.89
φ_{cu}/(°)	实际值	9.12	8.03	7.78	7.10	6.56
	演变关系式	8.91	8.32	7.79	7.10	6.42
	简化的演变关系式	8.99	8.27	7.74	7.18	6.41

表 4-10(续)

抗剪强度指标		风化时间/d				
		0	20	40	80	160
c_{cu}'/kPa	实际值	7.52	8.38	10.02	13.93	16.94
	演变关系式	7.83	8.09	10.89	13.03	15.35
	简化的演变关系式	7.77	8.07	10.98	13.14	15.15
φ_{cu}'/(°)	实际值	15.44	14.56	12.43	11.37	9.73
	演变关系式	15.49	14.17	12.76	11.41	9.92
	简化的演变关系式	15.63	14.09	12.56	11.41	10.05

从表 4-10 中可以看出,随着风化时间的增加,煤系土的黏聚力逐步增加,内摩擦角逐步减少,变化速率基本保持在一个稳定状态。

基于 ICR 建立的采用 8 个物理性质指标为因变量的煤系土抗剪强度指标风化演变关系式,总黏聚力的计算结果与实际值的最大误差为 1.61 kPa,在自然风化时间 40 d 时发生,相对误差为 8.19%;总内摩擦角计算结果与实际值的最大误差为 0.29°,发生在自然风化时间为 20 d 时,相对误差为 3.61%;有效黏聚力的计算结果与实际值的最大误差为 1.59 kPa,发生在自然风化时间为 160 d 时,相对误差为 9.39%;有效内摩擦角的计算结果与实际值的最大误差为 0.39°,发生在自然风化时间为 20 d 时,相对误差为 5.67%。

基于 ICR 建立的采用 3 个敏感指标为因变量的简化煤系土抗剪强度指标风化演变关系式,总黏聚力的计算结果与实际值的最大误差为 1.07 kPa,在自然风化时间 20 d 时发生,相对误差为 7.15%;总内摩擦角的计算结果与实际值的最大误差为 0.24°,发生在自然风化时间为 20 d 时,相对误差为 2.99%;有效黏聚力的计算结果与实际值的最大误差为 1.79 kPa,发生在自然风化时间为 160 d 时,相对误差为 10.57%;有效内摩擦角的计算结果与实际值的最大误差为 0.47°,发生在自然风化时间为 20 d 时,相对误差为 3.23%。

上述分析表明本书基于 ICR 建立的抗剪强度指标风化演变关系式与简化的关系式均具有较高的精度,可为准确描述抗剪强度衰减规律提供条件。

4.6 小结

本章在前两章研究的基础上,在 CU 试验测定不同状态煤系土的基础上,采用 ICA 方法,研究了煤系土风化过程中抗剪强度指标演变与敏感性指标的关系,并建立了相应的多元回归方程,为准确描述抗剪强度衰减规律提供了条件。本章的主要结论如下:

(1)不同风化时间的煤系土均为弱超固结土,原状煤系土较重塑煤系土抗剪强度大,随着风化时间的增加,重塑煤系土的应变变化程度呈增大的趋势,总黏聚力逐渐增大,总内摩擦角逐渐减小,有效抗剪强度指标与总抗剪强度指标变化趋势一致。在风化开始阶段,抗剪强度指标迅速变化,但风化时间大于40 d 后,抗剪强度指标渐趋平缓,变化速率逐渐降低,表明煤系土在开挖暴露40 d 左右的时间内受到的风化作用较为明显,这与实际工程中煤系土开挖暴露后其性质迅速劣化的时间在前 1～2 个月内的规律一致。

(2)基于具有快速收敛速度的 FastICA 算法分析和获取物理性质指标的解混信号,并通过 PCA 降维、独立分量分析和多元线性回归为主要步骤的 ICR建模方法,确定了 8 个物理性质指标的主成分及其独立源信号,建立了煤系土抗剪强度指标风化演变关系式;同时通过 ICR 建模方法建立了基于 3 个敏感指标的简化煤系土抗剪强度指标风化演变关系式。

(3)通过对比分析煤系土抗剪强度指标风化演变关系式与其简化关系式,发现两个关系式的误差统计量均较小,能够满足准确性的要求。考虑简化关系式仅需要 3 个物理指标值,计算相对简便,因此一般情况下可以优先采用简化的抗剪强度指标演变关系式。

(4)分别对煤系土抗剪强度指标风化演变关系式与其简化关系式进行回归方程检验,即数值稳定性检验、R 检验和 F 检验,验算演变关系式的数值稳定性和显著性,最后通过自然风化煤系土物理力学性质验证了模型的可靠性。结果表明基于 ICR 方法采用 8 个物理指标或简化的采用 3 个敏感指标建立的抗剪强度指标演变关系式均具有较高的数值稳定性、较高的拟合优度,回归关系显著,且两个关系式均具有较高的精度,可为准确描述抗剪强度衰减规律提供条件。

5　结论与展望

5.1　主要结论

本书通过室内试验、理论分析和有限元数值计算等手段,针对煤系土开挖暴露后的独特风化过程,创建了微波模拟煤系土风化作用的试验方法,给出模拟风化试验方法影响因素与自然风化时间关系表达式,并基于独立分量分析方法建立风化作用下重塑煤系土抗剪强度演变关系式,主要结论如下:

(1)块状和粉状煤系土的化学蚀变指数分别为 32.15% 和 90.17%,表明粉状煤系土的风化程度远大于块状煤系土。块状和粉状煤系土掺杂在一起时化学蚀变指数为 56.42%,表明边坡开挖时煤系土的化学风化还未彻底,当暴露在空气中后,将继续发生风化。煤系土在边坡开挖暴露在空气中后,将迅速风化,随着风化时间的增加,成岩矿物含量降低,黏土矿物含量升高,再随风化程度加深,风化速率将逐渐减小,各矿物成分含量趋于稳定。

(2)煤系土风化时间小于 60 d 时为有机质低液限粉土,风化时间大于 60 d 时为有机质高液限粉土;煤质土风化时间小于 20 d 时,级配良好,风化时间大于 40 d 后,级配不良,且级配不良的程度随风化时间的增长越来越高。随着风化时间的增加,煤系土的不均匀系数和曲率系数均逐渐减小,黏粒含量逐渐增大,三者的变化速率均逐渐减小。根据敏感性分析结果,可选用黏粒含量、不均匀系数和塑性指数作为煤系土风化过程的敏感指标,敏感指标与风化时间的关系式以指数形式较为理想。

(3)微波特殊的加热性能可以保证煤系土矿物成分转化的同时伴随着土颗粒的破碎,即实现化学风化作用伴随着物理风化作用,使得建立微波模拟煤系土风化作用的试验方法具有可行性。微波模拟煤系土风化作用试验主要分为制样、装样、微波作用和数据采集 4 个步骤;试验主要影响因素包括微波功率、微波时间、土样含水率和土样质量。微波功率和微波时间是微波作用煤系土的主要影响因素,土样质量和含水率是次要影响因素。根据敏感指标与微波作用影响因素的回归关系以及敏感指标与自然风化时间的指数模型关系,建立了微波作用影响因素与自然风化时间的关系式。

(4) 不同风化时间的煤系土均为弱超固结土,原状煤系土较重塑煤系土抗剪强度大,随着风化时间的增加,重塑煤系土的应变硬化程度呈增大的趋势,总黏聚力逐渐增大,总内摩擦角逐渐减小,有效抗剪强度指标与总抗剪强度指标变化趋势一致。在风化开始阶段,抗剪强度指标迅速变化,但风化时间大于40 d 后,抗剪强度指标渐趋平缓,变化速率逐渐降低,表明煤系土在开挖暴露40 d 左右的时间内风化作用较为明显,这与实际工程中煤系土开挖暴露其后性质迅速劣化的时间在前 1~2 个月内的规律一致。

(5) 基于具有快速收敛速度的 FastICA 算法分析和获取物理性质指标的解混信号,并通过 PCA 降维、独立分量分析和多元线性回归为主要步骤的 ICR 建模方法,确定了 8 个物理性质指标的主成分及其独立源信号,建立了煤系土抗剪强度指标风化演变关系式;同时通过 ICR 建模方法建立了基于 3 个敏感指标的简化煤系土抗剪强度指标风化演变关系式。一般情况下可以优先采用简化的抗剪强度指标演变关系式。

5.2 展望

本书通过理论分析、室内试验和现场试验,开展了煤系土风化过程强度衰减演变规律的研究,获得了一些有益的结论,但仍存在着一定的不足,有待进一步研究:

(1) 本书创建了微波加热仿真模拟煤系土风化过程的试验方法,但仅针对煤系土进行仿真试验和验证,由于不同的岩土材料矿物组成以及结构存在差异,该方法是否适用于其他岩土体,还需要通过大量的试验和理论分析进行论证。

(2) 本书基于常规土工试验,利用独立分量分析方法建立了煤系土抗剪强度风化过程中的强度演变关系式,但在风化过程中煤系土的力学和变形特性也发生了变化,因此还有待通过损伤力学或扰动状态概念等理论进一步研究煤系土的本构关系。

参 考 文 献

[1] 祝磊.煤系土工程特性及其浅层滑坡稳定性研究[D].南京:河海大学,2009.

[2] 胡昕,洪宝宁,杜强,等.含水率对煤系土抗剪强度的影响[J].岩土力学, 2009,30(8):2291-2294.

[3] 祝磊,洪宝宁.粉状煤系土的物理力学特性[J].岩土力学,2009,30(5): 1317-1322.

[4] 周邦艮,褚兰哲,王爱华.广梧高速公路煤系土抗剪强度特性试验研究[J]. 路基工程,2009(2):119-120.

[5] 魏丽梅,刘辉,刘翰辞,等.炭质页岩边坡失稳破坏机制及处治技术研究[J]. 公路与汽运,2014(5):119-122.

[6] 赵爽.杭瑞高速公路(G56)遵义至毕节段路堑边坡稳定性分析[D].成都:西 南交通大学,2017.

[7] 周波.关于煤系地层边坡变形破坏机理及处治方法研究[J].交通世界,2018 (13):33-35.

[8] GUZZETTI F,ARDIZZONE F,CARDINALI M,et al. Distribution of landslides in the upper Tiber River Basin,central Italy[J]. Geomorphology,2008,96(1/2):105-122.

[9] 张社荣,谭尧升,王超,等.多层软弱夹层边坡岩体破坏机制与稳定性研究 [J].岩土力学,2014,35(6):1695-1702.

[10] 李龙起,罗书学,魏文凯,等.降雨入渗对含软弱夹层顺层岩质边坡性状影 响的模型试验研究[J].岩石力学与工程学报,2013,32(9):1772-1778.

[11] 曹运江,黄润秋,唐辉明,等.某水电站高边坡煤系软弱结构面流变特性试 验研究[J].岩石力学与工程学报,2008,27(增刊2):3732-3739.

[12] 李吉东.京珠高速公路小塘至甘塘段煤系地层路堑高边坡稳定性分析与防

治[J].水文地质工程地质,2003,30(5):86-88.

[13] 郑一晨,张可能.湘南煤系地层边坡稳定性分析及案例研究[J].土工基础,2016,30(2):131-135.

[14] 邵晓川.煤系地层路堑边坡稳定性分析:以夏蓉高速 K⁴⁶⁺830~K⁴⁶⁺980 左侧边坡为例[D].绵阳:西南科技大学,2015.

[15] BHATTARAI P,MARUI H,TIWARI B,et al. Influence of weathering on physical and mechanical properties of mudstone[J]. Physical review B,2006,80(23):308-310.

[16] 沈珠江.抗风化设计:未来岩土工程设计的一个重要内容[J].岩土工程学报,2004,26(6):866-869.

[17] 苏少青,李应顺.浅谈京珠高速公路粤境北段特殊岩土路堑边坡的防护与加固[J].广东公路交通,2001,27(3):52-54.

[18] 黄晓华,黄汝祥,刘杰.煤系地层采空区公路路堑高边坡的加固治理[J].重庆交通学院学报,2002,21(1):68-73.

[19] 刘伟.煤系地层路堑高边坡加固处理[J].公路交通技术,2004,20(5):15-18.

[20] 姜静,江晓霞.广清高速公路煤系土路堑边坡设计[J].中外公路,2005,25(5):27-29.

[21] 祝磊,洪宝宁.广东云浮砾状煤系土的物理力学特性[J].水文地质工程地质,2009,36(1):86-89.

[22] 符滨.边坡开挖条件下煤系地层岩土体工程性质变化规律研究及加固措施[D].长沙:中南大学,2014.

[23] GERCEK H,MUFTUOGLU Y V. Failure characteristics of coal measure rocks[C]//Proceedings of the International Symposium on Assessment and Prevention of Failure Phenomena in Rock Engineering. Rotterdam: Balkema. ,1993.

[24] WHITE M J. The influence of post failure characteristics of coal measures rocks on the stability of mine tunnels[J]. Intereconomics,1983,37(5):244-252.

[25] CALDWELL J A,SMITH A,WAGNER J. Heave of coal shale fill[J]. Canadian geotechnical journal,1984,21(2):379-383.

[26] HACKLEY P C,SANFILIPO J R,AZIZI G P,et al. Organic petrology of

subbituminous carbonaceous shale samples from Chalāw, Kabul Province, Afghanistan: considerations for paleoenvironment and energy resource potential[J]. International journal of coal geology,2010,81(4): 269-280.

[27] MORADIAN Z A,GHAZVINIAN A H,AHMADI M,et al. Predicting slake durability index of soft sandstone using indirect tests[J]. International journal of rock mechanics and mining sciences, 2010, 47(4): 666-671.

[28] YOSHINAKA R,OSADA M,TRAN T V. Deformation behaviour of soft rocks during consolidated-undrained cyclic triaxial testing[J]. International journal of rock mechanics and mining sciences & geomechanics abstracts,1996,33(6):557-572.

[29] YOSHINAKA R,TRAN T V,OSADA M. Non-linear,stress- and strain-dependent behavior of soft rocks under cyclic triaxial conditions[J]. International journal of rock mechanics and mining sciences,1998,35(7): 941-955.

[30] CHEN H T,LIN T T,CHANG J E. Effects of leaching parameters on swelling behaviors of compacted mudstone used in landfill liner[J]. Journal of environmental science and health part A, toxic/hazardous substances & environmental engineering,2003,38(3):563-576.

[31] YAMAGUCHI H, YOSHIDA Y, KUROSHIMA I, et al. Slaking and shear properties of mudstone[C]//International Society for Rock Mechanics,1988.

[32] LIN T T,SHEU C,CHANG J E. Slaking mechanisms of mudstone liner immersed in water[J]. Journal of hazardous materials,1998,58(1/2/3): 261-273.

[33] LI T,FU H Y,ZHOU G K. Experimentalstudies on disintegration features of carbon mudstone[J]. Applied mechanics and materials,2012, 170/171/172/173:600-604.

[34] 黄宏伟,车平. 泥岩遇水软化微观机理研究[J]. 同济大学学报(自然科学版),2007,35(7):866-870.

[35] WILLIAM E,AIREY D. A review of the engineering properties of the

wianamatta group shales[C]//Proceedings 8th Australia New Zealand Conference on Geomechanics:Consolidating Knowledge,1999.

[36] MARINO G G,CHOI S. Softening effects on bearing capacity of mine floors[J]. Journal of geotechnical and geoenvironmental engineering, 1999,125(12):1078-1089.

[37] LI J W,HUANG H W. Experiment on stabilized swelled mudstone reinforced with geocell[M]. Rotterdam:Millpress Science Publishers,2006.

[38] ZHA W H,HONG B N. Notice of retraction:coal-bearing soil amendments choice analysis and mechanical deformation characteristics of cement modified coal-bearing soil[C]//2011 International Conference on Electric Technology and Civil Engineering (ICETCE). Lushan,China. IEEE,2011:4870-4873.

[39] LIU X X,WU Z J,WANG G,et al. Research on the softening and disintegration mechanism of carbonaceous shale[J]. Advanced materials research,2013,671/672/673/674:274-279.

[40] 祝磊,洪宝宁.降雨作用下煤系土路堑边坡稳定分析[J].岩土力学,2009, 30(4):1035-1040.

[41] 祝磊,韩尚宇,洪宝宁,等.降雨入渗条件下考虑裂隙和风化对煤系土堑坡稳定性影响分析[J].水利与建筑工程学报,2010,8(4):86-89.

[42] 祝磊,洪宝宁.煤系土浅层滑坡的影响因素敏感性分析[J].长江科学院院报,2011,28(7):67-71.

[43] 张毅,韩尚宇,郑军辉.降雨入渗对含裂隙煤系土边坡稳定性影响分析[J]. 公路工程,2014,39(1):10-13.

[44] LIU X X,DAI Y. Research on the ecological stability technology of carbonaceous shale slope [C]//Civil engineering and urban planning Ⅳ: Proceedings of the 4th International Conference on Civil Engineering and Urban Planning,Boca Raton,2016.

[45] BERNER R A,HOLDREN G R. Mechanism of feldspar weathering: some observational evidence[J]. Geology,1977,5(6):369.

[46] BRADY P V,CARROLL S A. Direct effects of CO_2 and temperature on silicate weathering:possible implications for climate control [J]. Geochimica et cosmochimica acta,1994,58(7):1853-1856.

[47] ISPHORDING W C. Mineralogical and physical properties of gulf coast limestone soils[J]. Polymer bulletin,1978,54(1-2):85-92.

[48] MA Y J,LIU C Q. Sr isotope evolution during chemical weathering of granites-impact of relative weathering rates of minerals[J]. Science in China series D:earth sciences,2001,44(8):726-734.

[49] TAYLOR L L,LEAKE J R,QUIRK J,et al. Biological weathering and the long-term carbon cycle:integrating mycorrhizal evolution and function into the current paradigm[J]. Geobiology,2009,7(2):171-191.

[50] 莫彬彬,连宾. 长石风化作用及影响因素分析[J]. 地学前缘,2010,17(3): 281-289.

[51] MULLER J P,MANCEAU A,CALAS G,et al. Crystal chemistry of kaolinite and Fe-Mn oxides:relation with formation conditions of low temperature systems[J]. American journal of science,1995,295(9): 1115-1155.

[52] ZOLLINGER B,ALEWELL C,KNEISEL C,et al. Soil formation and weathering in a permafrost environment of the Swiss Alps:a multi-parameter and non-steady-state approach[J]. Earth surface processes and landforms,2017,42(5):814-835.

[53] HALL K,THORN C E,MATSUOKA N,et al. Weathering in cold regions:some thoughts and perspectives[J]. Progress in physical geography:earth and environment,2002,26(4):577-603.

[54] 孙国亮,孙逊,张丙印. 堆石料风化试验仪的研制及应用[J]. 岩土工程学报,2009,31(9):1462-1466.

[55] 张晗秋. 干湿循环下煤系土的崩解及抗剪强度特性研究[D]. 南昌:华东交通大学,2017.

[56] WILLIAMS J Z,BANDSTRA J Z,POLLARD D,et al. The temperature dependence of feldspar dissolution determined using a coupled weathering-climate model for Holocene-aged loess soils[J]. Geoderma,2010,156 (1/2):11-19.

[57] 冯志刚,马强,李石朋,等. 模拟不同气候条件下碳酸盐岩风化作用的淋溶实验研究[J]. 中国岩溶,2012,31(4):361-376.

[58] 夏麟. 虚实混合中的风化材质模拟和光照一致性问题研究[D]. 杭州:浙江

大学,2012.

[59] YODER H S, EUGSTER H. Synthetic and natural muscovites[J]. Geochimica et cosmochimica acta,1955,8(5/6):225-280.

[60] HEMLEY J. Some mineralogical equilibria in the system $K_2O\text{-}Al_2O_3\text{-}SiO_2\text{-}H_2O$ [J]. American journal of science,1959,257(4):241-270.

[61] KAWANO M, TOMITA K, KAMINO Y. Formation of clay minerals during low temperature experimental alteration of obsidian[J]. Clays and clay minerals,1993,41(4):431-441.

[62] HELLMANN R. The albite-water system:part Ⅰ. The kinetics of dissolution as a function of pH at 100,200 and 300 ℃[J]. Geochimica et cosmochimica acta,1994,58(2):595-611.

[63] WELCH S A,ULLMAN W J. Feldspar dissolution in acidic and organic solutions:compositional and pH dependence of dissolution rate[J]. Geochimica et cosmochimica acta,1996,60(16):2939-2948.

[64] EGLI M,FITZE P. Quantitative aspects of carbonate leaching of soils with differing ages and climates[J]. CATENA,2001,46(1):35-62.

[65] LABUS M,BOCHEN J. Sandstone degradation:an experimental study of accelerated weathering[J]. Environmental earth sciences,2012,67(7):2027-2042.

[66] BENNETT P C,HIEBERT F K,ROGERS J R. Microbial control of mineral-groundwater equilibria:macroscale to microscale[J]. Hydrogeology journal,2000,8(1):47-62.

[67] EHRLICH H L. Geomicrobiology:its significance for geology[J]. Earth-science reviews,1998,45(1/2):45-60.

[68] SMITS M M, HOFFLAND E,JONGMANS A G,et al. Contribution of mineral tunneling to total feldspar weathering[J]. Geoderma,2005,125(1/2):59-69.

[69] BREHM U,GORBUSHINA A,MOTTERSHEAD D. The role of micro-organisms and biofilms in the breakdown and dissolution of quartz and glass[J]. Palaeogeography, palaeoclimatology, palaeoecology, 2005, 219(1/2):117-129.

[70] BARKER W W,WELCH S A,CHU S,et al. Experimental observations

of the effects of bacteria on aluminosilicate weathering[J]. American mineralogist,1998,83(11):1551-1563.

[71] KIM J,DONG H,SEABAUGH J,et al. Role of microbes in the smectite-to-illite reaction[J]. Science,2004,303(5659):830-832.

[72] LIAN B,WANG B,PAN M,et al. Microbial release of potassium from K-bearing minerals by thermophilic fungus Aspergillus fumigatus[J]. Geochimica et cosmochimica acta,2008,72(1):87-98.

[73] CARDELL C,RIVAS T,MOSQUERA M J,et al. Patterns of damage in igneous and sedimentary rocks under conditions simulating sea-salt weathering[J]. Earth surface processes and landforms,2003,28(1):1-14.

[74] OHTA T,ARAI H. Statistical empirical index of chemical weathering in igneous rocks:a new tool for evaluating the degree of weathering[J]. Chemical geology,2007,240(3/4):280-297.

[75] MAHER K,STEEFEL C I,WHITE A F,et al. The role of reaction affinity and secondary minerals in regulating chemical weathering rates at the Santa Cruz Soil Chronosequence,California[J]. Geochimica et cosmochimica acta,2009,73(10):2804-2831.

[76] ANGELI M,HEBERT R,MENENDEZ B,et al. Influence of temperature and salt concentration on the salt weathering of a sedimentary stone with sodium sulphate[J]. Engineering geology,2010,115(3/4):193-199.

[77] 成玉祥,段玉贵,李格烨,等. 岩石冻融风化作用积累泥石流物源试验研究[J]. 灾害学,2015,30(2):46-50.

[78] SAYAO S,MAIA P,NUNES A. Considerations on the shear strength behavior of weathered rockfill[C]//16th International Conference on Soil Mechanics and Geotechnical Engineering,Osaka,2005.

[79] 蒋明镜,张宁,陈贺. 岩石化学风化时效效应的离散元模拟[J]. 岩土力学,2014,35(12):3577-3584.

[80] 吴霞,温世儒,晏长根,等. 不同风化程度灰岩的地质雷达波形与频谱特征研究[J]. 西南大学学报(自然科学版),2016,38(6):159-164.

[81] 刘传孝,刘星辉,董小花,等. 片麻岩风化程度及其声发射规律试验研究[J]. 重庆交通大学学报(自然科学版),2016,35(6):77-80.

[82] 凌斯祥,巫锡勇,孙春卫,等. 水岩化学作用对黑色页岩的化学损伤及力学

劣化试验研究[J].实验力学,2016,31(4):511-524.

[83] DENG Y S,CAI C F,XIA D,et al. Soil Atterberg limits of different weathering profiles of the collapsing gullies in the hilly granitic region of Southern China[J]. Solid earth,2017,8(2):499-513.

[84] WANG Y W,GAO W,WANG X,et al. A novel normalization method based on principal component analysis to reduce the effect of peak over-laps in two-dimensional correlation spectroscopy[J]. Journal of molecular structure,2008,883/884:66-72.

[85] 杨英华,杨劭伟,刘晓志,等.基于独立分量回归的加热炉钢温预报模型[J].系统仿真学报,2008,20(10):2523-2525.

[86] 惠晓宇,刘洪.主分量分析和独立分量分析方法的比较研究[J].石油物探,2006,45(5):441-446.

[87] 杨福生,洪波.独立分量分析的原理与应用[M].北京:清华大学出版社,2006.

[88] WESTAD F. Independent component analysis and regression applied on sensory data[J]. Journal of chemometrics,2005,19(3):171-179.

[89] SHAO X G,WANG W,HOU Z Y,et al. A new regression method based on independent component analysis[J]. Talanta,2006,69(3):676-680.

[90] CICHOCKI A, BOGNER R E, MOSZCZYŃSKI L, et al. Modified Herault-Jutten algorithms for blind separation of sources[J]. Digital signal processing,1997,7(2):80-93.

[91] HERAULT J,JUTTEN C. Space or time adaptive signal processing by neural network models[J]. AIP conference proceedings,1986,151(1):206-211.

[92] HYVÄRINEN A,OJA E. Independent component analysis:algorithms and applications[J]. Neural networks,2000,13(4/5):411-430.

[93] HYVÄRINEN A,OJA E. A fastfixed-point algorithm for independent component analysis[J]. Neural computation,1997,9(7):1483-1492.

[94] COMON P. Independent component analysis,a new concept? [J]. Signal processing,1994,36(3):287-314.

[95] HYVÄRINEN A,HURRI J,HOYER P O. Independent component analysis[M].[s. l]:Cambridge University Press,2001:529.

[96] 梁端丹,韩政,郝家甲. 独立分量分析及其应用研究[J]. 现代电子技术, 2008,31(3):17-20.

[97] 杨俊美,余华,韦岗. 独立分量分析及其在信号处理中的应用[J]. 华南理工大学学报(自然科学版),2012,40(11):1-12.

[98] HYVÄRINEN A. Survey on independent component analysis[J]. Neural computing surveys,1999,2(4):94-128.

[99] HYVÄRINEN A. Fast and robust fixed-point algorithms for independent component analysis[J]. IEEE transactionson neural networks,1999,10 (3):626-634.

[100] BELL A J,SEJNOWSKI T J. The "independent components" of natural scenes are edge filters[J]. Vision research,1997,37(23):3327-3338.

[101] LEE T W,GIROLAMI M,SEJNOWSKI T J. Independent component analysis using an extended infomax algorithm for mixed subgaussian and supergaussian sources[J]. Neural computation,1999,11(2):417-441.

[102] GIROLAMI M,FYFE C. Extraction of independent signal sources using a deflationary exploratory projection pursuit network with lateral inhibition[J]. IEE proceedings-vision,image,and signal processing,1997,144 (5):299-306.

[103] HYVÄRINEN A. OJA E. Independent component analysis:algorithms and applications[J]. Neural networks,2000,13(4-5):411-430.

[104] HOYER P O,HYVÄRINEN A. Independent component analysis applied to feature extraction from colour and stereo images[J]. Network: computation in neural systems,2000,11(3):191-210.

[105] 吴小培,冯焕清,周荷琴,等. 基于独立分量分析的图象分离技术及应用 [J]. 中国图象图形学报,2001,6(2):133-137.

[106] 王霞,刘昌文,毕凤荣,等. 基于独立分量分析及小波变换的内燃机辐射噪声盲源分离和识别[J]. 内燃机学报,2012,30(2):166-171.

[107] 刘斌,戴吾蛟,曾凡河,等. 利用独立分量回归建立大坝多测点位移模型 [J]. 大地测量与地球动力学,2016,36(2):124-128.

[108] MAKEIG S,BELL A J,JUNG T P,et al. Independent component analysis of electroencephalographic data[C]//International Conference on Signal Processing,1995.

[109] BELL A J,SEJNOWSKI T J. An information-maximization approach to blind separation and blind deconvolution[J]. Neural computation,1995, 7(6):1129-1159.

[110] HYVÄRINEN A,OJA E,HOYER P,et al. Image feature extraction by sparse coding and independent component analysis[C]//Proceedings of Fourteenth International Conference on Pattern Recognition,Brisbane. IEEE,1998:1268-1273.

[111] CHENG J,CHEN Y W,LU H Q,et al. Color- and texture-based image segmentation using local feature analysis approach[C]//Proc SPIE 5286,Third International Symposium on Multispectral Image Processing and Pattern Recognition,2003:600-604.

[112] JUTTEN C,HERAULT J. Independent component analysis versus PCA [C]//European signal processing conference,Gernoble,1988.

[113] WANG Z,CHEN J,DONG G,et al. Constrained independent component analysis and its application to machine fault diagnosis[J]. Mechanical systems & signal processing,2011,25(7):2501-2512.

[114] MIAO F,ZHAO R Z. Application of independent component analysis in machine fault diagnosis[J]. Advanced materials research,2014,905:524-527.

[115] THELAIDJIA T,MOUSSAOUI A,CHENIKHER S. Bearing fault diagnosis based on independent component analysis and optimized support vector machine[C]//2015 7th International Conference on Modelling, Identification and Control (ICMIC),Sousse,Tunisia. IEEE,2015:1-4.

[116] WIDODO A,YANG B S,HAN T. Combination of independent component analysis and support vector machines for intelligent faults diagnosis of induction motors[J]. Expert systems with applications,2007,32 (2):299-312.

[117] ABDEL-QADER I,ABU-AMARA F,ABUDAYYEH O. Fractals and independent component analysis for defect detection in bridge decks[J]. Advances in civil engineering,2011,2011:1-14.

[118] CHAHINE K,BALTAZART V,DÉROBERT X,et al. Blind deconvolution via independent component analysis for thin-pavement thickness es-

timation using GPR[C]//2009 International Radar Conference,Bordeaux. IEEE,2009:1-5.

[119] YANG Y C,NAGARAJAIAH S. Data compression of structural seismic responses via principled independent component analysis[J]. Journal of structural engineering,2014,140(7):4014032.

[120] 殷宗泽. 土工原理[M]. 北京:中国水利水电出版社,2007.

[121] 黄继武,李周. 多晶材料 X 射线衍射:实验原理、方法与应用[M]. 北京:冶金工业出版社,2012.

[122] 中华人民共和国住房和城乡建设部. 有色金属工业岩土工程勘察规范:GB 51099—2015[S]. 北京:中国计划出版社,2015.

[123] 陈中学. 粘土颗粒含量对蒋家沟泥石流启动影响及成灾机理研究[D]. 武汉:中国科学院研究生院(武汉岩土力学研究所),2010.

[124] 格里姆. 粘土矿物学[M]. 许冀泉,译. 北京:地质出版社,1960.

[125] 中华人民共和国住房和城乡建设部. 土工试验方法标准:GB/T 50123—2019[S]. 北京:中国计划出版社,2019.

[126] 沈扬,张文慧. 岩土工程测试技术[M]. 2 版. 北京:冶金工业出版社,2017.

[127] 中华人民共和国建设部. 土的工程分类标准:GB/T 50145—2007[S]. 北京:中国计划出版社,2008.

[128] 中华人民共和国交通运输部. 公路土工试验规程:JTG 3430—2020[S]. 北京:人民交通出版社,2021.

[129] 高大钊,熊兴邦. 土的分类研究方法:对土分类定名的几点建议[J]. 岩土工程学报,1988,10(2):1-8.

[130] 罗会,杨广庆,王锡朝. 低液限粉土液塑限反常现象原因分析[J]. 石家庄铁道学院学报(自然科学版),2009,22(1):63-65.

[131] 刘艳华. 粉土的物理性质试验研究[J]. 水运工程,2009(12):68-72.

[132] 龙森,刘品,单浩. 山区典型软土路基稳定性影响因素敏感性分析[J]. 科学技术与工程,2018,18(14):60-66.

[133] 刘顺青,洪宝宁,徐奋强,等. 高液限土边坡稳定性影响因素的敏感性研究[J]. 防灾减灾工程学报,2014,34(5):589-596.

[134] 地质矿产部地质辞典办公室. 地质大辞典[Z]. 北京:地质出版社,2009.

[135] 但德忠. 分析测试中的现代微波制样技术[M]. 成都:四川大学出版

社,2003.

[136] 陈亚妮,张军民. 微波萃取技术研究进展[J]. 应用化工,2010,39(2): 270-272.

[137] 但德忠,罗方若,袁东,等. 土壤及沉积物样品预处理的新技术:微波萃取法[J]. 矿物岩石,2000,20(2):91-95.

[138] 周勇义,谷学新,范国强,等. 微波消解技术及其在分析化学中的应用[J]. 冶金分析,2004,24(2):30-36.

[139] 金钦汉. 微波化学[M]. 北京:科学出版社,1999.

[140] AKBARNEZHAD A,ONG K C G,ZHANG M H,et al. Microwave-assisted beneficiation of recycled concrete aggregates[J]. Construction and building materials,2011,25(8):3469-3479.

[141] SILGONER I,KRSKA R,LOMBAS E,et al. Microwave assisted extraction of organochlorine pesticides from sediments and its application to contaminated sediment samples[J]. Fresenius' journal of analytical chemistry,1998,362(1):120-124.

[142] LLOMPART M P,LORENZO R A,CELA R,et al. Phenol and methylphenol isomers determination in soils by in situ microwave-assisted extraction and derivatisation[J]. Journal of chromatography A,1997,757 (1/2):153-164.

[143] SMITH F,COUSINS B,BOZIC J,et al. The acid dissolution of sulfide mineral samples under pressure in a microwave oven[J]. Analytica chimica acta,1985,177:243-245.

[144] 童长青,张和,卢红梅,等. 微波消解在高岭土化学成分分析中的应用[J]. 榆林学院学报,2011,21(4):57-59.

[145] SOYSAL Y,OZTEKIN S,EREN O. Microwave drying of parsley:modelling,kinetics,and energy aspects[J]. Biosystems engineering,2006,93 (4):403-413.

[146] 柏静儒,李晓航,贾春霞,等. 柳树河油页岩微波干燥特性及干燥模型[J]. 化工学报,2014,65(2):474-479.

[147] 冯磊,张世红,杨晴,等. 焦煤微波干燥特性及动力学研究[J]. 煤炭学报, 2015,40(10):2458-2464.

[148] 王瑞芳,李占勇. 基于加热均匀性的微波干燥研究进展[J]. 化工进展,

2009,28(10):1707-1711.

[149] 戴俊,孟振,吴丙权.微波照射对岩石强度的影响研究[J].有色金属(选矿部分),2014(3):54-57.

[150] 戴俊,吴涛,曹东,等.微波照射后钢纤维混凝土强度劣化研究[J].西安建筑科技大学学报(自然科学版),2014,46(1):6-9.

[151] 戴俊,李传净,杨凡,等.微波照射下含水率对岩石强度弱化的影响[J].水力发电,2018,44(1):31-34.

[152] 曹东.微波照射下混凝土强度弱化规律的试验研究[D].西安:西安科技大学,2013.

[153] 马双忱,姚娟娟,金鑫.微波诱导催化技术在环境治理中的应用研究[J].电力科技与环保,2011,27(3):9-12.

[154] WANG X Z,ZHENG J,FU R,et al. Effect of microwave power and irradiation time on the performance of Pt/C catalysts synthesized by pulse-microwave assisted chemical reduction[J]. Chinese journal of catalysis,2011,32(3/4):599-605.

[155] 吕敏春,严莲荷,王剑虹,等.光、微波、热催化氧化效果的比较[J].工业水处理,2003,23(8):36-38.

[156] 牟群英,李贤军.微波加热技术的应用与研究进展[J].物理,2004,33(6):438-442.

[157] 杨伯伦,贺拥军.微波加热在化学反应中的应用进展[J].现代化工,2001,21(4):8-12.

[158] 王陆瑶,孟东,李璐."热效应"或"非热效应":微波加热反应机理探讨[J].化学通报,2013,76(8):698-703.

[159] 张天琦,崔献奎,张兆镗.微波加热原理、特性和技术优势[J].筑路机械与施工机械化,2008,25(7):10-14.

[160] KUBRAKOVA I V. Microwave radiation in analytical chemistry:the scope and prospects for application[J]. Russian chemical reviews,2002,71(4):283-294.

[161] 刘钟栋.微波技术在食品工业中的应用[M].北京:中国轻工业出版社,1998.

[162] 肖庆生,张汉兴.格里菲斯强度理论在岩体力学中的应用[J].阜新矿业学院学报,1981(1):16-31.

[163] LI D Y, WONG L N Y. The Brazilian disc test for rock mechanics applications: review and new insights[J]. Rock mechanics and rock engineering, 2013, 46(2): 269-287.

[164] 袁宗盼, 陈新民, 袁媛, 等. 地质力学模型相似材料配比的正交试验研究[J]. 防灾减灾工程学报, 2014, 34(2): 197-202.

[165] 刘瑞江, 张业旺, 闻崇炜, 等. 正交试验设计和分析方法研究[J]. 实验技术与管理, 2010, 27(9): 52-55.

[166] 方开泰, 马长兴. 正交与均匀试验设计[M]. 北京: 科学出版社, 2001.

[167] 中国科学院数学研究所统计组. 方差分析[M]. 北京: 科学出版社, 1977.

[168] 甘亮琴. 粉煤灰-气泡混合轻质土最佳路用配合比研究[D]. 南京: 河海大学, 2017.

[169] 李庆扬, 王能超, 易大义. 数值分析[M]. 5版. 北京: 清华大学出版社, 2008.

[170] 李建红, 张其光, 孙逊, 等. 胶结和孔隙比对结构性土力学特性的影响[J]. 清华大学学报(自然科学版), 2008, 48(9): 1431-1435.

[171] 李苏春, 蒋刚. 南京地区粉土的不排水三轴压缩试验[J]. 南京工业大学学报(自然科学版), 2007, 29(2): 40-44.

[172] 蒋刚, 李苏春. 南京粉土与粉质黏土的剪切带三轴试验与性状分析[J]. 南京工业大学学报(自然科学版), 2008, 30(5): 7-11.

[173] 曾玲玲, 陈晓平. 软土在不同应力路径下的力学特性分析[J]. 岩土力学, 2009, 30(5): 1264-1270.

[174] 刘斌, 戴吾蛟, 黄大伟, 等. 独立分量回归及其在变形分析中的应用研究[J]. 大地测量与地球动力学, 2012, 32(6): 90-93.

[175] 夏乐天. 应用概率统计[M]. 北京: 机械工业出版社, 2008.

[176] KWAK N, KIM C, KIM H. Dimensionality reduction based on ICA for regression problems[J]. Neurocomputing, 2008, 71(13/14/15): 2596-2603.

[177] 牛京考. 基于主成分回归分析法预测中国铁矿石需求[J]. 北京科技大学学报, 2011, 33(10): 1177-1181.

[178] 沈洋, 詹永照, 单士娟. 基于ICA降维的车牌汉字识别研究[J]. 计算机工程与设计, 2012, 33(3): 1127-1131.